U0549976

かがくでなぞとき　どうわのふしぎ 50

童話裡的酷科學

15則 經典故事 | 50個 科學問答 | 8個 趣味實驗

啟動跨領域學習！

川村康文、小林尚美、北川千春・著
黃薇嬪・譯

寫給本書的讀者們

大家一起找出屬於自己的不可思議吧！

無論是大朋友還是小朋友，我們都誠摯的邀請你，
時常翻開這本書，沉浸其中。
還不認字的小小讀者們，歡迎你在家人的溫馨陪伴下，
一起徜徉書中的世界；如果在過程中能有任何發現或體會，
那將會是一件非常棒的事。
能夠自己閱讀的讀者朋友們，邀請你一起來找找看，
童話裡藏著哪些有趣的科學奧祕。
接著，翻到解說科學原理的篇章，試著尋找解謎的線索，
解開故事裡的科學難題，
盡情享受這場充滿驚奇的大冒險吧！

對於已經能自在閱讀的讀者，

我們鼓勵你試著對故事裡的科學現象，提出自己的想法與見解。

更棒的是，把這些想法和好朋友、老師以及身邊的大人們

分享、聊一聊。像這樣「自己用心思考」的過程，

就是一趟很棒的「探究」旅程哦！

即使讀完了書，心中依然有些「為什麼？」，也不用擔心。

請將這份寶貴的好奇心，溫柔的安放在心底。

能夠帶著一份「不明白」前行，其實是一種特別的幸福。

因為，當你靠著自己的力量找到答案時，

將會遇見一個閃閃發光、更加成長的自己。

每一次解開「為什麼」，都是一次美好的相遇。

我們真誠的希望，無論哪個年紀的你，都能與這本書為伴，

一同成長，並在其中找到那份堅定的自信。

川村康文

目次

不來梅樂隊

» 聲音的奧祕

拇指姑娘

» 動植物的奧祕

傑克與魔豆

» 雲的奧祕

三隻小豬

》建築的奧祕

人魚公主

》魚類的奧祕

螞蟻與螽斯

》昆蟲的奧祕

牛郎與織女

≫ 宇宙的奧祕

糖果屋

≫ 甜點的奧祕

輝夜姬（竹取公主）

≫ 月球的奧祕

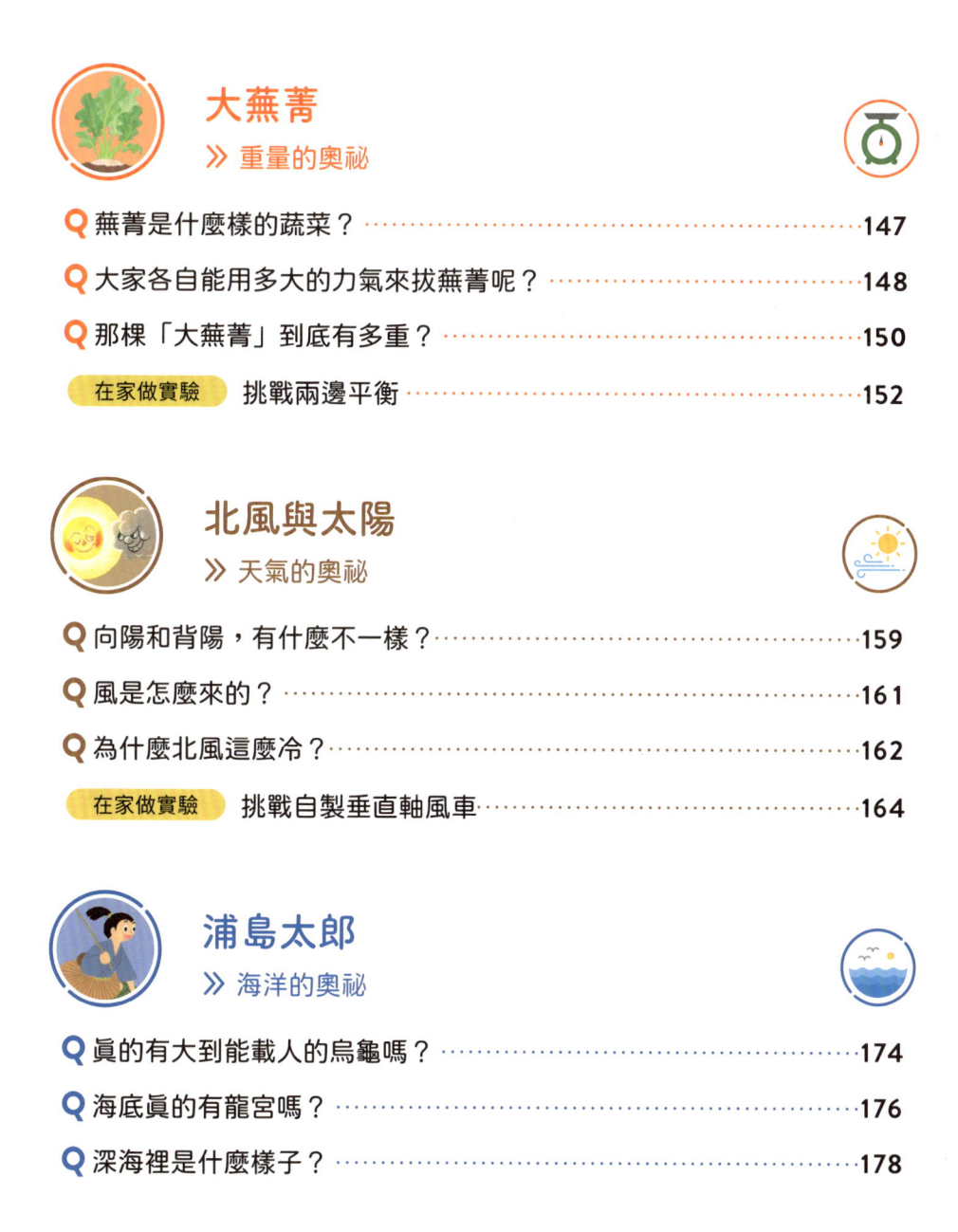

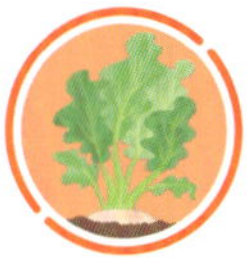

大蕪菁

» 重量的奧祕

北風與太陽

» 天氣的奧祕

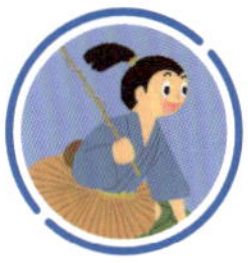

浦島太郎

» 海洋的奧祕

白鶴報恩

》鳥類的奧祕

龜兔賽跑

》速度的奧祕

開花爺爺

》植物的奧祕

〔照片出處〕

22p：JUN3 / PIXTA（ピクスタ）、Baloncici / PIXTA（ピクスタ）、venusangel / PIXTA（ピクスタ）48p：Yoshi / PIXTA（ピクスタ）、むにゅ / PIXTA（ピクスタ）、t.nehala / PIXTA（ピクスタ）、keite.tokyo / PIXTA（ピクスタ）、のびー / PIXTA（ピクスタ）62p：tonko / PIXTA（ピクスタ）、breeze / PIXTA（ピクスタ）90p：しまじろう / PIXTA（ピクスタ）93p：ヨコケン / PIXTA（ピクスタ）、写遊 / PIXTA（ピクスタ）、apx55256 / PIXTA（ピクスタ）、七味 / PIXTA（ピクスタ）132p：RewSite / PIXTA（ピクスタ）、taka15611 / PIXTA（ピクスタ）133p：Ishibashi / PIXTA（ピクスタ）、alps / PIXTA（ピクスタ）、グッチー / PIXTA（ピクスタ）、chie_hidaka / PIXTA（ピクスタ）135p：COMOC Sizzle / PIXTA（ピクスタ）、Sunrising / PIXTA（ピクスタ）151p：hap / PIXTA（ピクスタ）165p：5570173ISO8000 / PIXTA（ピクスタ）192p：mazekocha / PIXTA（ピクスタ）217p：aduchinootonosama / PIXTA（ピクスタ）、スムース / PIXTA（ピクスタ）218p：taki / PIXTA（ピクスタ）、kimtoru / PIXTA（ピクスタ）221p：蝶（ファラージャ） / PIXTA（ピクスタ）、Cphoto / PIXTA（ピクスタ）

本書的使用方式

【童話篇】

當您沉浸在故事中時，不妨也溫柔的感受一下，故事裡的人物和動物們，在那一刻懷抱著什麼樣的心情呢？同時，也請張大好奇的眼睛，尋找那些讓你忍不住想問「這是什麼？」、「為什麼會這樣呢？」的迷人之處吧！

【科學篇】

在這個篇章裡，我們將從科學的視角，為你揭開童話世界中的奇妙奧祕。而書中未能詳述的部分，更熱切的邀請你用自己的方式來思考、動手查證看看。在這個探索的過程中，你很可能會發現和書中截然不同卻同樣精彩的想法與答案哦！

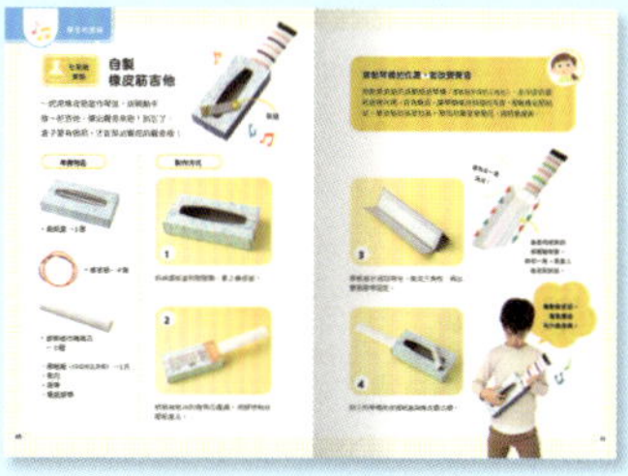

與童話有關的實驗和勞作。若是需要用到火和水的實驗，請在大人的陪同下進行。

【配合成長階段的共讀建議】

在引導孩子閱讀本書時，可以溫柔貼合孩子的成長步調來調整。每個孩子在不同的成長階段，所擁有的感受力與理解力都是獨特的，請配合孩子當下的發展與興趣，靈活運用這本書。

◉剛開始學認字的孩子

[參考年齡：4～5歲]

這時期的重點，是陪伴孩子**「一起感受故事的喜怒哀樂」**。若父母能在角色登場時，搭配生動有趣的表情和聲音，孩子自然會更容易被吸引，甚至主動問：「〇〇是個什麼樣的人呀？」、「接下來會發生什麼事呢？」也可在朗讀過程中，溫柔的向孩子提出這些問題，開啟探索的旅程。

◉開始自己看書的孩子

[參考年齡：小學1～2年級]

此時的關鍵，在於為孩子**「營造一個安心、放鬆的閱讀空間」**。當感覺到身邊有大人的陪伴時，孩子更容易放鬆心情，也更能專注的投入思考與創造。如果遇到孩子提出你一時也想不出答案的問題，不妨邀請家中的其他成員或親朋好友，一起加入尋找答案的行列吧！

◉已養成閱讀習慣的孩子

[參考年齡：小學3～4年級]

在這個階段，讓我們一起**「分享科學探索的快樂、奧祕與樂趣」**吧！閱讀童話故事時，可以引導孩子一同翻閱相關的科學 Q&A，連結想像與知識。有時，「動手做實驗」所帶來的「直接經驗」，比起單純閱讀的「間接經驗」，更能啟發深刻的學習與理解。請放心鼓勵孩子去嘗試、挑戰有趣的科學實驗，父母作為安全顧問即可。

不來梅樂隊

朝著不來梅前進的動物們，
是如何演奏樂器的呢？
樂器為什麼會發出聲音？
我們一起來製作吉他及鼓，
揭開聲音的奧祕吧！

童話裡的酷科學

聲音的奧祕 » P.18

無法繼續工作的老驢子朝著不來梅出發，
準備進城去當音樂家。
半路上，
牠遇見同樣因年紀太大而不能工作的狗、貓、公雞，
牠們也加入了驢子的行列。
「我來彈吉他，噫噫！」
「我喜歡打鼓，汪汪！」
「我最會唱歌了，喵喵～」
「比嗓門我可不會輸，咕咕咕！」

可是，牠們還沒有走到不來梅，天就已經黑了。
動物們在森林裡找到一間小屋。
牠們從窗戶一看，發現屋裡有幾個小偷正在品嚐美食。
「好，我們把他們趕走吧！」

於是，動物們同時在窗外放聲大叫。

小偷們嚇得驚慌失措，
一轉眼就逃得無影無蹤。
動物們大快朵頤一番後，
留在小屋裡睡覺。

到了半夜，
一名小偷悄悄回來查看情況。
動物們立刻對他又踢又抓，
鬧得天翻地覆！
「哇！有鬼啊！」
小偷嚇得再也不敢回來。

動物們最後沒有去不來梅，

而是留在這間小屋裡，過著幸福快樂的生活。

聲音的奧祕

驢子等動物打算演奏的樂器，
會發出什麼樣的聲音呢？

Q 吉他是什麼樣的樂器？

A 吉他是一種利用撥弦發出聲音的弦樂器。

振動琴弦，發出聲音

吉他和小提琴上有筆直拉緊的線，稱為「弦」。
一撥動弦，就會發出聲音的樂器，稱為「弦樂器」。
多數的弦樂器琴身都是中空，
弦的振動會在中空的琴身內部產生共鳴，
發出響亮的聲音。

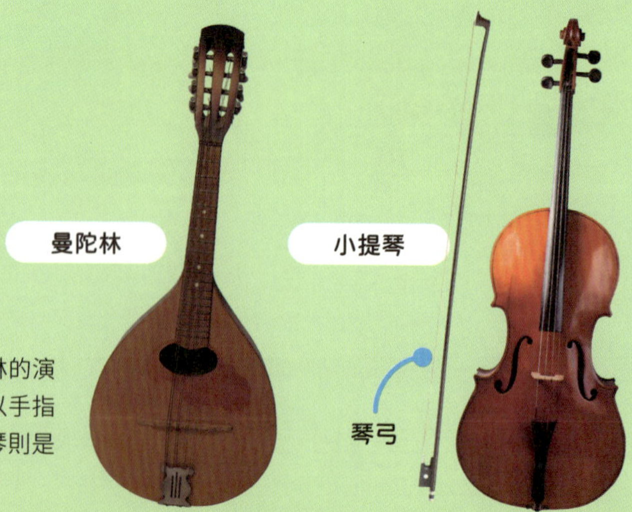

吉他和曼陀林的演奏方式都是以手指撥弦，小提琴則是以琴弓擦弦。

弦的長度
決定聲音高低！

吉他弦的兩端固定在琴身上，
手指撥弦振動，
就會發出聲音（①的長度）。
接著，一手按在弦的中央位置Ⓐ，
另一手撥弦試試，
你會發現聲音變高了（②的長度）。
再來，一手按住Ⓑ的位置，
另一手撥撥看，
你會發現聲音變得更高（③的長度）。
為什麼會這樣？因為弦長越短，
弦的振動次數增加，
聲音也會變得越高。

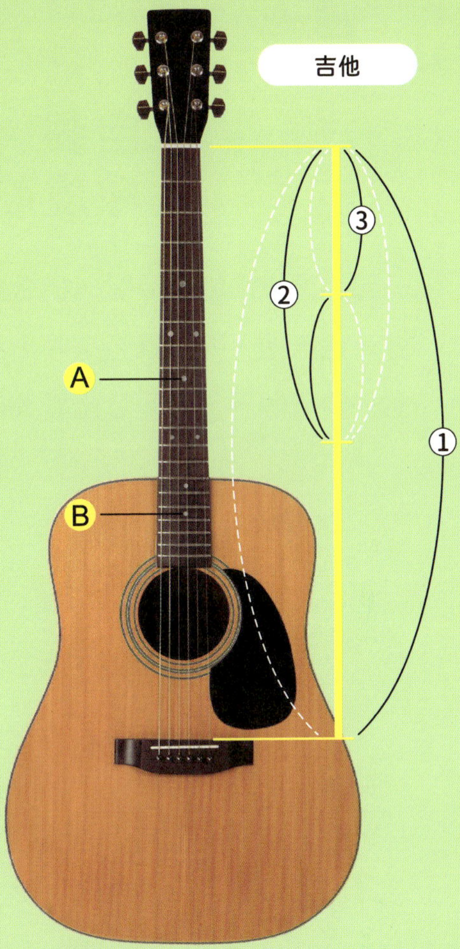

聲音的大小、高低是這樣來的！

大小…取決於弦的振動是否激烈；振動的幅度越大，聲音也就越大。

高低…這要看弦在一秒鐘之內振動幾次。振動次數越多，聲音越高；振動次數越少，聲音越低。

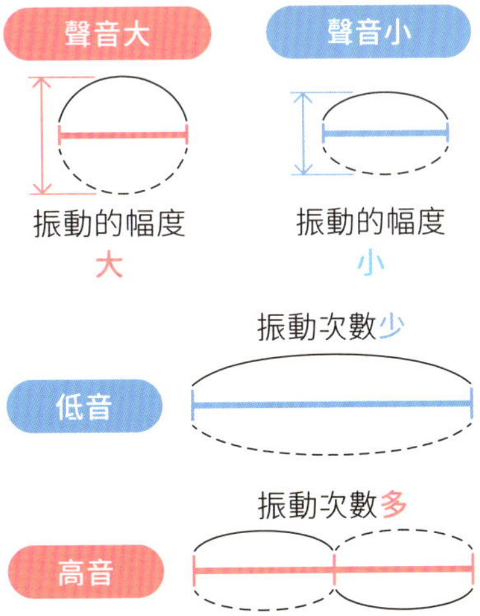

在家做實驗

自製橡皮筋吉他

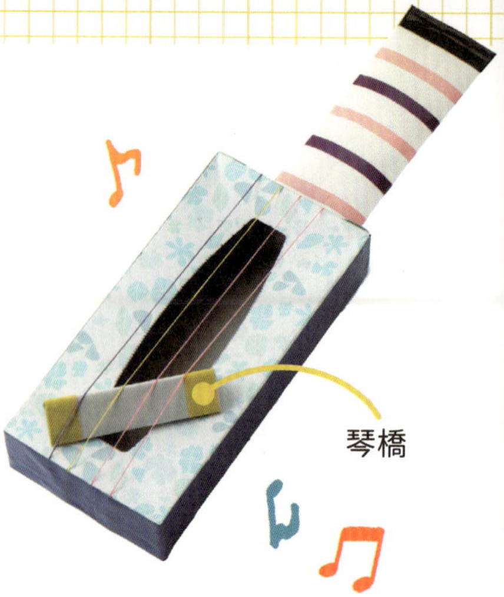

一起用橡皮筋當作琴弦，挑戰動手做一把吉他，彈出聲音來吧！別忘了，盒子要有個洞，才能發出響亮的聲音哦！

準備物品

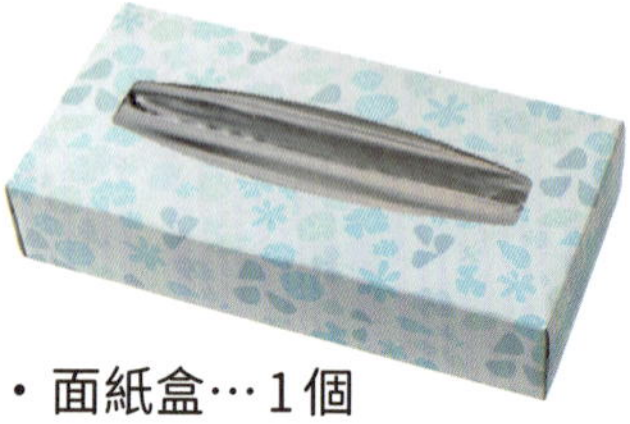

・面紙盒…1個

・橡皮筋…4個

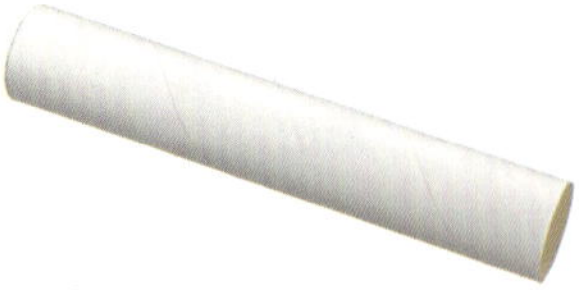

・廚房紙巾捲筒芯…1個

・厚紙板（10公分正方形）…1片
・剪刀
・膠帶
・雙面膠帶

製作方式

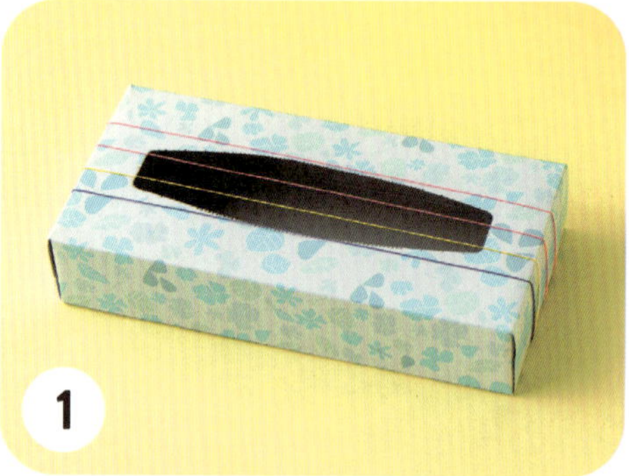

1 拆掉面紙盒的塑膠膜，套上橡皮筋。

2 把廚房紙巾的捲筒芯壓扁，用膠帶黏在面紙盒上。

挪動琴橋的位置，能改變聲音

撥動橡皮筋的振動經過琴橋（厚紙板折成的三角柱），在中空的面紙盒裡共鳴，成為聲音。讓琴橋維持斜插的角度，撥動橡皮筋試試。橡皮筋的長度拉長，發出的聲音會變低，縮短會變高。

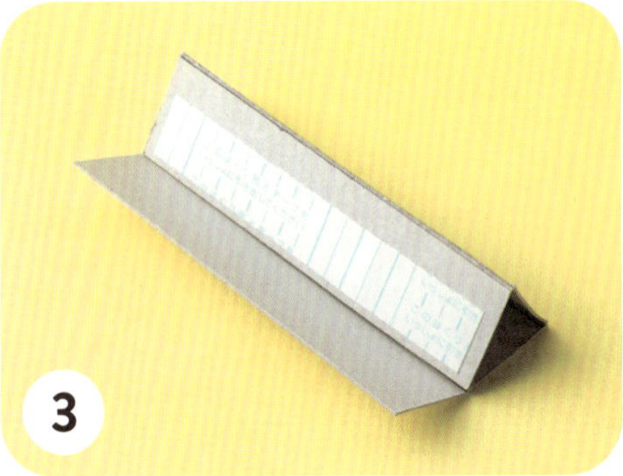

厚紙板折成四等分，做成三角柱，再以雙面膠帶固定。

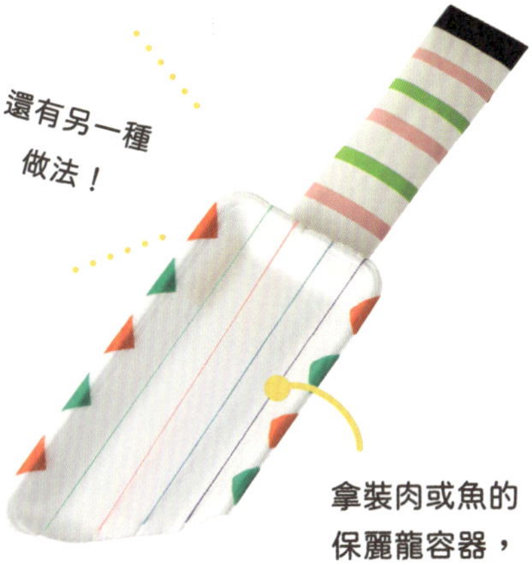
還有另一種做法！

拿裝肉或魚的保麗龍容器，斜切一角，再套上橡皮筋試試。

把③的琴橋夾在面紙盒與橡皮筋之間。

撥動橡皮筋，
看看聲音
有什麼差異。

鼓是什麼樣的樂器？

拍打或敲打就會發出聲音的打擊樂器。

膜振動，就會發出聲音

鼓是需要製造節奏時，常用的打擊樂器，
製作方式是將一張薄膜固定在圓筒形鼓身上拉緊。
只要敲打膜，膜就會振動並發出聲音。

有些鼓如鈴鼓及非洲鼓，是透過徒手拍打鼓面發聲；另一些如小鼓，則須以鼓棒敲擊演奏。

鈴鼓

非洲鼓

小鼓

鼓發出聲音，
是靠著薄膜振動喔！

在家做實驗

用氣球製作鼓

一起拿氣球當鼓面的薄膜，套在空瓶上做成鼓，

挑戰節奏遊戲吧！

套在容器上的
氣球拉緊與否，
聲音會出現
什麼變化？

準備物品

・空容器

（玻璃瓶、布丁盒、空罐等）

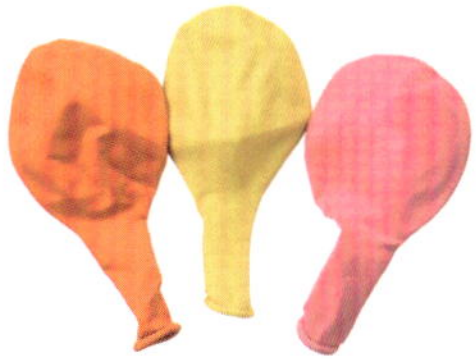

・免洗筷…1雙

・透明膠帶

・氣球

製作方式

1

剪下氣球的上半部。

2

把①的氣球上半部套在空容器上，再以膠帶固定。

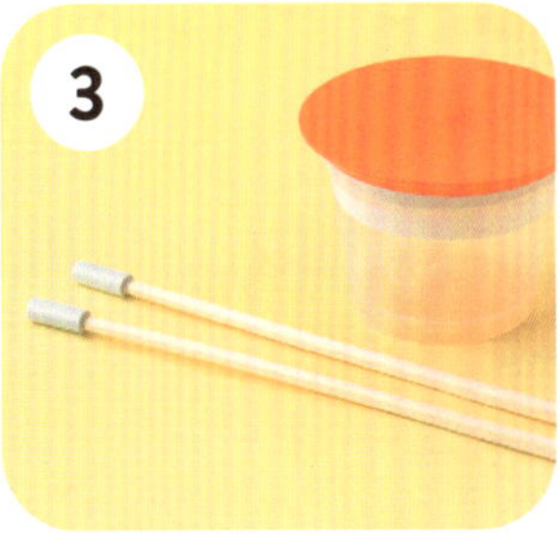

3

在免洗筷筷尖處繞上透明膠帶，做成鼓棒。

Q 鋼琴是什麼樣的樂器？

A 用槌子敲弦，製造聲音的樂器。

運用弦和槌子，製造聲音

鋼琴其實也是以槌子（琴槌）敲弦發出聲音的樂器。

鋼琴裡有一條條會依序發出Do Re Mi Fa So La Si Do聲音的弦，只要按下琴鍵，鋼琴裡的槌子就會敲擊對應的弦，發出我們要的音。

鋼琴裡有一整排琴弦和琴槌。

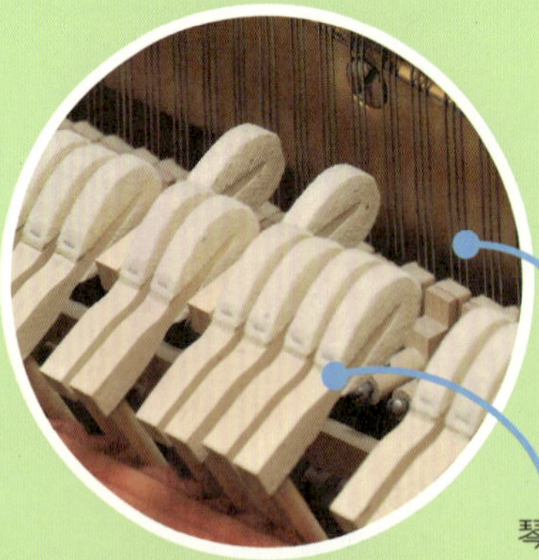

直立式鋼琴的裡面。

平臺鋼琴

「Do」為什麼不只一個？

「八度」是什麼？

從低音Do到高音Do依序發出「Do Re Mi Fa So La Si Do」時，
共有八個音，這八個音高的跨度，就稱為「一個八度」。
換句話說，高音Do比低音Do「高一個八度」。
聲音源於空氣的振動，這種振動在每秒鐘發生的次數，
就是所謂的「頻率」。
聲音的音高正是由頻率決定的；
當頻率增加一倍，音高就會隨之提高一個八度。

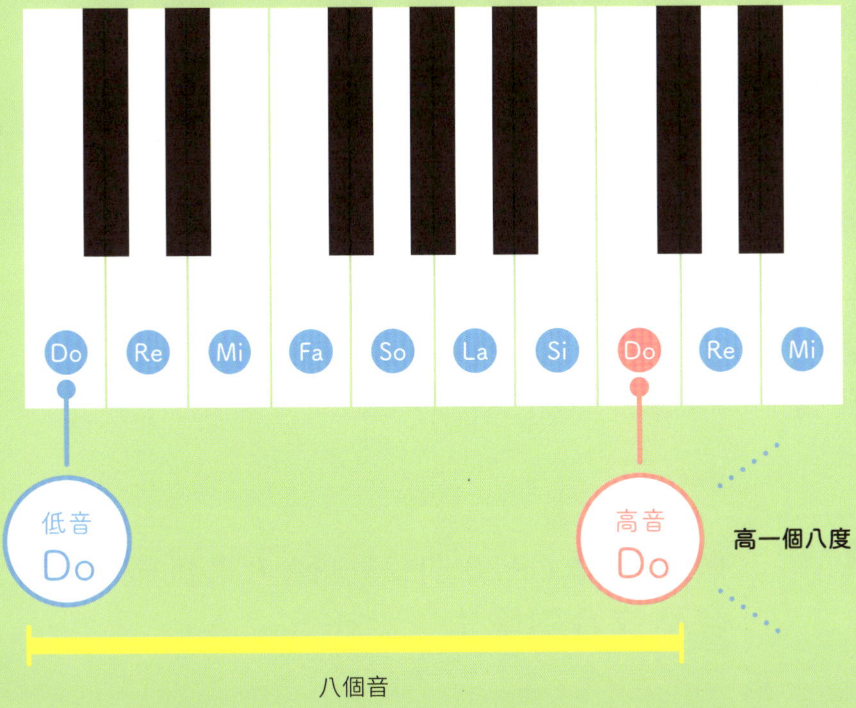

Q 「合唱」為什麼悅耳動聽？

A 因為音高不同的聲音和諧巧妙的交融在一起。

如同貓與公雞的叫聲音高各異，
每個人的嗓音音高也各具特色。
有些女性的聲音較為高亢，部分男性的聲音則顯得低沉；
合唱時，常依此將人聲主要分為女高音、女低音、
男高音與男低音四個聲部，
藉由各部的搭配，
便能交織出和諧優美的歌聲。

高音域	女高音
↕	女低音
	男高音
低音域	男低音

做好樂器（P.20、P.23）後，來挑戰合奏或合唱吧！

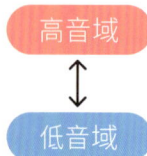

拇指姑娘

鬱金香花苞中，悄悄誕生了嬌小玲瓏的拇指姑娘。
某天，她突遭一隻蟾蜍強行擄走，
陸續邂逅了大肚魚、金龜子、老鼠與燕子，
展開意想不到的旅程！
讓我們跟隨拇指姑娘的腳步，
一同探索這奇妙世界的奧祕吧！

童話裡的
酷科學

動植物的奧祕 » P.34

拇指姑娘是從鬱金香花裡長出來的嬌小女孩。
有天晚上，
她正睡在核桃殼小床裡，
卻來了一隻癩蛤蟆把她擄走。

「嗚嗚嗚，這裡是哪裡？」
拇指姑娘孤零零的坐在荷葉上哭泣，
幾隻好心的大肚魚瞧見了，
連忙游上前去咬斷荷葉莖，幫助她順利脫困。

不料，她才剛脫險，竟又被一隻金龜子擄走，
還隨手將她遺棄在陌生的森林深處。

這時，一隻路過的老鼠發現了她，溫和的問道：
「妳獨自一人嗎？到我家暫住吧！」
於是，拇指姑娘便暫時住進了親切的老鼠家裡。

某日，拇指姑娘發現了一隻受傷的小燕子，
她仔細的為牠療傷，並溫柔鼓勵道：
「要趕快好起來呀！」

小燕子傷勢痊癒後，滿懷感激的向拇指姑娘道謝：

「謝謝妳，我完全康復了！」
說完，便展翅高飛，轉瞬間消失無蹤。

這日，老鼠太太對拇指姑娘提議：
「溫柔的拇指姑娘，妳就嫁給有錢的鼴鼠先生，
過上好日子吧！」
聽到這些話，拇指姑娘內心很難受，
因爲鼴鼠先生向來畏光，整天住在黑漆漆的地底。
「假如我與鼴鼠先生結婚，
就再也見不到太陽了！」

就在拇指姑娘獨自傷心時，
她之前悉心照料的燕子飛了回來。
燕子說：「拇指姑娘，快到我的背上來，
我帶妳去陽光更加燦爛、
花朵更加盛放的國家吧！」

拇指姑娘輕輕的坐上燕子的背，

隨牠飛往花之國。

在那裡，她和花精靈王子結婚，

從此過著幸福快樂的生活。

用科學解謎！

拇指姑娘

動植物的奧祕

誕生了拇指姑娘的鬱金香，以及故事裡的鼴鼠，是什麼樣的生物呢？

Q 鬱金香是什麼樣的花？

A 是由球根培育而成，於春天綻放的花。

球根的樣子，和常見的種子很不一樣喔！

鬱金香是百合花的同類，是春天開花的球根植物。
球根的形狀很像洋蔥，
只要在今年的十月中到十二月初之間種下球根，
就會在明年三月到五月之間開花。

球根

如果用種子來種植鬱金香，
通常要等好幾年才會開花。
因此，種子得先在泥土裡
長成一個「球根」。
球根吸收了許多養分，
到了春天，就會開出美麗的花朵。

Q 鼴鼠為什麼害怕陽光呢？

A 因為鼴鼠的眼睛視力很差，待在地面上容易有危險。

鼴鼠在泥土下挖著地道尋找食物，依靠土裡的蚯蚓和小蟲子維生。
因為牠大多生活在黑暗的環境中，就算有眼睛，也幾乎看不見。
地底下通常很安全，因為沒有什麼天敵會去抓牠；
但是，如果鼴鼠來到陽光充足的地面上，
就會出現許多想把牠當作食物的敵人。
這時候，看不清楚的眼睛會讓牠非常危險，很容易被敵人捉住。

鼴鼠的眼睛非常小，
這樣泥土才不容易跑進眼睛裡。
不過，牠的雙手卻很大，
非常適合用力挖土。

為什麼看不見呢？

動物的各種演化

為了在泥土裡生活，
鼴鼠的眼睛演變得非常小，
看東西不太清楚。由此可知，
生物的身體構造會為了適應環境而改變，
這種現象就叫做「演化」。

馬

馬

馬是只吃植物的植食性動物，從很久以前，就是人類飼養的家畜。因為馬兒跑得非常快，所以人們有時也會訓練牠們去參加賽跑比賽。

為了逃離肉食性動物，馬的其餘腳趾全都退化消失，只剩下中趾，才能跑得更快。

錦蛇

蛇

蛇是爬蟲類動物，與蜥蜴是近親，身體十分細長，但沒有腳。全世界約有兩千七百種蛇，一到了冬天，蛇就會進入冬眠，靜靜等待春天來臨。

蛇的祖先曾經有腳，但為了方便鑽進土裡或狹窄的空間，腳就漸漸退化消失了。

原本是為了飛上天空而存在的翅膀，演化成適合游泳的形狀，這樣就能輕鬆在海裡游泳、捕捉食物了。

企鵝

企鵝幾乎生活在海裡，多數住在南極附近，也有些是住在智利等溫暖的地區。

國王企鵝

Q

燕子從哪裡來？
又往哪裡去呢？

A

燕子會在北方和南方的國家之間，每年來回遷徙。

北方的燕子冬天一到，就飛往臺灣、菲律賓、馬來西亞、印尼等溫暖的南方國家過冬；因為這個時候，北方缺少了燕子當作食物的昆蟲，燕子只好飛到食物比較多、氣候也比較暖和的地方去，等到春天來了，牠們才會再度飛回食物充足、也方便養育小燕子的北方。

邊飛邊睡？

日本和東南亞的距離非常遙遠，大約有好幾千公里那麼長。燕子需要花費好幾天，甚至長達一百天不停飛越大海，中途都無法休息。那麼，牠們是怎麼辦到的呢？原來，燕子其實是邊飛邊睡覺的。牠們只要閉上一隻眼睛，即使身體還在飛行，大腦的另一半也能得到休息。

因為海上沒有地方可以停下來休息……

來試試看吧！

一起找尋燕子的巢吧！

燕子會在人類的住家或商店門口等打造碗型的鳥巢。如果住在沒有人類的環境，很容易遭遇天敵，所以牠們會選擇有人類在的地方築巢。燕子的鳥巢是用泥土和稻草築成。牠們會住進前一年築好的鳥巢，或是把有些損壞的巢修補好再使用。

雛鳥在鳥巢裡，
等待親鳥帶食物回來餵食。

傑克與魔豆

有一天，傑克得到了魔豆！
魔豆到底是什麼豆子呢？要長多高才能夠到達雲端？
讓我們一邊享受令人心跳加速的故事，
一邊用科學解開更多謎團，發現更多新奇的祕密！

童話裡的酷科學
雲的奧祕 » P.46

從前，有個家裡很窮的男孩，
他的名字叫傑克。
這一天，媽媽讓傑克把家裡養的牛牽到外面賣掉。
沒想到，
他在路上遇見一位奇怪的老爺爺。
在老爺爺不停的拜託之下，
傑克最後答應把牛和老爺爺交換了幾顆魔豆。

傑克帶著魔豆回到家，

媽媽一看，氣得不得了，

一怒之下，就把那些魔豆全都扔到窗戶外面。

第二天早上，魔豆竟然長出了好大好大的豆莖！
傑克十分驚訝：
「哇！豆莖長到雲裡面去了！
我要爬上去看個究竟！」

傑克爬到雲的上面一看，

發現那裡竟然是一個恐怖大巨人的家！

巨人的家裡有兩件奇特的寶物：

一隻會生下金雞蛋的母雞，還有一把會自己唱歌的豎琴。

傑克趁著大巨人沉睡的時候，

悄悄把這兩樣寶物帶走了。

沒想到，那把豎琴卻忽然
大聲唱起歌來：
「♪主人～！
大事不好了～！有小偷啊～！」
巨人一聽見豎琴的歌聲，猛然醒了過來，
發現寶物不見，
氣沖沖的立刻追了上來！

傑克急忙抱著寶物，順著豆莖飛快的往下爬。

一落地，他馬上拿起斧頭，用力砍斷了豆莖。

「轟——！」

巨人跟著從雲上掉下來，就這樣摔死了。

有了這些寶物，傑克和媽媽從此過著幸福快樂的生活。

用科學解謎！

傑克與魔豆

雲的奧祕

魔豆的豆莖長得又高又大，直達雲端。
要長多高才碰得到雲呢？

Q 傑克帶回來的「魔豆」是什麼豆？

A 可能是會結出巨大豆莢的刀豆。

豆子的種類非常多喔！

刀豆的豆莢比成年人的手還大。

《傑克與魔豆》中出現的豆子，據說是外觀巨大的「刀豆」，豆莢可達50公分長，而且藤蔓會伸得很長。

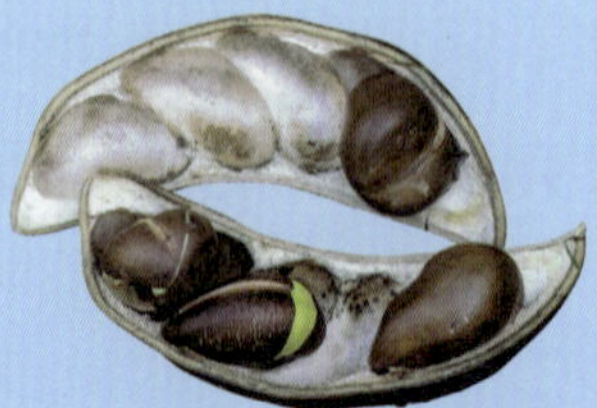

有種植物暱稱是「傑克魔豆樹」，學名是栗豆樹，又稱為澳洲栗、綠寶石、元寶樹。這種植物長大後可達 40 公尺高。

其他還有哪些豆呢？

紅豆

用來製作豆沙的紅色小型豆。世界上最早發現紅豆的地區為中國中部的新石器時代遺址，日本的繩紋時代（西元前 14000 年左右～前 10 世紀左右）遺跡也有發現。

豌豆

世界上最早採用人工栽培的豆類。在豆子長成前就採收的豆莢，稱為「荷蘭豆」；等到豆子長成後才採收的稱為「豌豆」。

大豆

豆腐、醬油、味噌等食物的原料。

毛豆

綠色的豆子。
多半水煮後食用。等豆莢乾枯才採收的，就是大豆。

鷹嘴豆

形狀尖如鷹嘴的豆子，要等到乾燥後才採收。

用豆子做料理

豆子的色彩、形狀、大小各有不同，很適合用來製作各種料理。

紅豆飯

印度燉豆咖哩

藤蔓是如何伸長的？

藤蔓可以分成往上攀爬的類型，以及匍匐在地的類型。
喜歡多曬太陽的藤本植物，會用藤蔓繞著柱子等往上爬，
適合用來打造一片綠簾。

山苦瓜

葫蘆

絲瓜

來試試看吧！

一起打造比人還高的綠簾！

我們一起來種絲瓜、葫蘆或小黃瓜吧！種子種下去之後，為它們搭起網子或架子，植物的藤蔓就會順著往上爬。在炎熱的夏天，這些藤蔓長成一片後，還能幫忙遮擋陽光。這就像一道天然的綠色窗簾，可以減少開冷氣的時間，既省電又環保。

藤蔓末端長這樣！

我也想要站在雲上！可以嗎？

Q 我也想要站在雲上！
可以嗎？

A 直接站在雲上是很困難的，
不過我們可以
從雲裡面穿過去。

雲裡面是一片白茫茫嗎？

在地面附近形成的雲，
其實就是我們所說的「霧」。
你可能曾經在山腰，
也就是山的中間部分，
遇見過霧氣。
從遠一點的地方看過去，
也常常會看到有雲朵環繞在山腰上。

Q 故事中的魔豆長到了多高？

A 如果豆莖抵達稱作「積雲」的雲層，那高度大約有2000公尺。

高空中令人心曠神怡的「雲海」

從山頂或飛機這些很高的地方往下看，有時會看到一大片像海一樣的雲，這就是「雲海」。傑克爬到的地方，或許就是一片雲海。在臺灣的阿里山，也常常可以欣賞到這種景象。

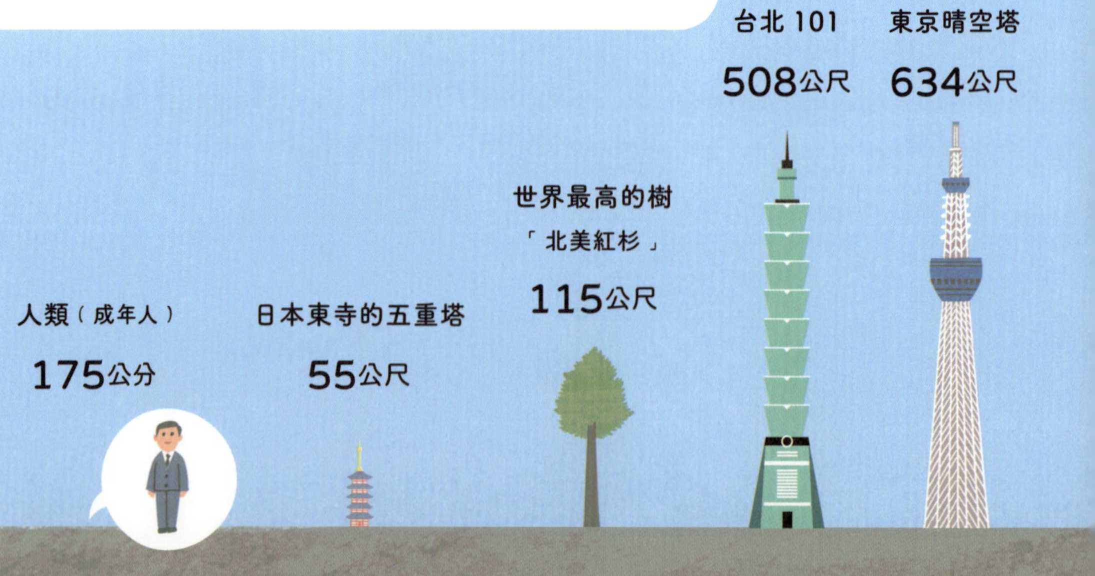

雲是在很高很高的地方形成的

直達雲端的「魔豆豆莖」是長到了多高呢？
不同種類的雲，也有不同的高度，
我們一起與各種東西比較看看。
你知道雲在多高的地方嗎？

雲的種類有這麼多！

根據國際氣象組織（WMO）的分類，雲可分為十種，包括卷雲、卷積雲、卷層雲、高積雲、高層雲、雨層雲、層雲、層積雲、積雲、積雨雲。從雲的名稱就能知道它的特徵。雲的名稱有「卷」字表示位在高空；有「高」字表示在約 5000 公尺高的地方形成；有「層」字表示雲呈層狀分布；有「積」字表示雲團發展明顯、形狀膨脹，外觀常被比喻為像棉花或青花菜。

卷雲

彷彿用毛筆揮灑出的線條形狀。

〔雲的形成高度〕
5000 ～ 13000 公尺

積雨雲

朝天空堆高的白雲，會帶來大雨及雷鳴。

〔雲的形成高度〕
地面～ 13000 公尺

高層雲

遍布整片天空的灰色雲，讓天空呈現灰色。

〔雲的形成高度〕
2000 ～ 7000 公尺

層積雲

由許多白色或灰色的大塊雲團聚集而成。

〔雲的形成高度〕地面～ 2000 公尺

卷積雲

形狀像魚鱗的雲。
經常出現在秋天的天空。

〔雲的形成高度〕5000 ～ 13000 公尺

高積雲

形狀一球球的雲。

〔雲的形成高度〕
2000 ～ 7000 公尺

卷層雲

薄薄一層布滿整個天空，可看見雲層後面的太陽或月亮，有時會形成光圈。

〔雲的形成高度〕
5000 ～ 13000 公尺

雨層雲

厚重的雲。一旦在白天出現，天色會變昏暗，還會帶來雨和雪。

〔雲的形成高度〕
1000 ～ 5000 公尺

積雲

飄浮在晴朗天空中彷彿棉花糖形狀的雲。
陽光使地面溫度升高，產生上升氣流（由地面往上升高的氣流），就會製造出積雲。

〔雲的形成高度〕地面～ 2000 公尺

層雲

像霧一樣的雲。
在地面附近形成的稱為「霧」。

〔雲的形成高度〕地面～ 2000 公尺

Q「金蛋」有多大？

A 如果與雞蛋一樣大的話，差不多是5～6公分。

鳥的種類不同，
蛋的大小也不一樣。
我們常見的雞蛋，
長度約是5～6公分。

金蛋價值多少錢？

黃金的價格每天都不同，假設 1 公克是 3500 元（根據臺灣銀行的新臺幣黃金牌價），又假設故事中的母雞生下的金蛋重量是 60 公克，那麼 60 公克 ×3500 元＝ 21 萬元。換句話說，一顆金蛋價值 21 萬元，好值錢啊！

鴕鳥蛋

長約 16 公分
重量約 1.6 公斤

雞蛋

長約 5 ～ 6 公分
重量 58 ～ 69 公克

鵪鶉蛋

長約 3 公分
重量 9 ～ 11 公克

三隻小豬

小豬三兄弟各自蓋了草屋、木屋，還有磚屋。
那我們住的房子，是用什麼東西蓋的？
要怎麼蓋，才會穩固又結實呢？
我們一起來看看建築的奧祕吧！

童話裡的酷科學

建築的奧祕 » P.61

小豬三兄弟各自蓋了自己的房子。
大哥蓋的是又輕又簡單的草屋，
二哥蓋的是用樹枝搭出來的簡易木屋。

最小的三弟則是用沉重的磚塊，
蓋出了一棟穩固的磚屋。
「呼～磚塊好重，疊起來又很花時間，
但我終於蓋好了！」

這天，來了一隻大野狼。

「那邊有一隻美味的小豬，抓來當午餐吧！」

他先對著豬大哥的草屋，

用力「呼——」的吹了一口氣，

整間草屋瞬間就垮了下來！

「救命啊——！」豬大哥嚇得連滾帶爬，

逃到二哥蓋的木屋裡。

大野狼也追了過來，

對著木屋又是「呼！」的一吹，

木屋也馬上應聲倒塌了！

兩隻小豬連忙逃進了三弟蓋的堅固磚屋裡。
大野狼追到門前，
使盡力氣對著磚屋「呼——」的大吹，
屋子卻一動也不動。
牠喘著氣說：「哼，吹不倒，
我就從煙囪爬進去吃掉你們！」

聰明的豬小弟聽見後，
立刻搬來一個大鍋子裝滿水，
放在壁爐的火上燒得滾燙。

結果，大野狼從煙囪滑下來，
「撲通！」一聲，正好掉進熱水鍋裡！
「哇啊！燙死我了！」大野狼慘叫一聲，
慌慌張張的逃走了。

從此以後，三隻小豬一起住在安全的磚屋裡，
過著幸福又快樂的生活。

用科學解謎！

三隻小豬

建築的奧祕

小豬們的家被大野狼弄壞了，
我們能夠蓋出牢固的房子嗎？

Q 草屋、木屋、磚屋分別是什麼樣的房子？

A 這三種房子是用不同的材料蓋成的，所以各有各的特色。

各式各樣的房屋建材

從遠古時代起，
人類就學會利用身邊的各種東西
來蓋房子，例如石頭、木頭、稻草，
甚至動物的毛皮等等。
每種材料都有它的優點，
當然也有缺點。
不管住在炎熱、寒冷或常常下雨的地區，
人們都會動腦筋想辦法，
配合當地的天氣，
讓房子住起來更舒適。

各有各的優點！蓋房子的材料

草屋

草屋的特色是通風良好，而且能夠冬暖夏涼。用來蓋草屋的稻草，是稻米或小麥的莖，經過太陽曬乾後做成的。因為這些農作物大約一年就能收成，所以稻草是很容易取得的蓋屋材料。

屋頂用大量稻草建成的房子。

木屋

木屋可以調節屋子裡的溫度和濕度，讓住在裡面的人夏天感覺涼爽，冬天覺得溫暖。而且木頭比稻草堅固很多，所以能用來蓋成兩層樓高的房子。

木材是世界各地常見的建材之一。

磚屋

磚塊是把泥土用力壓實再經過火燒，非常堅硬。泥土不像稻草和木頭那樣容易燃燒，所以用磚塊蓋成的房子更不怕火，也比草屋和木屋都來得堅固耐用。

在氣候乾燥的國家，磚塊較容易製作，所以經常當作建材使用。

Q

如果三隻小豬合力蓋房子，會是什麼樣的房子呢？

屋頂是稻草

A

請想想能夠發揮各建材特色的房子吧！

牆壁和地板是木材

為了讓房子能冬暖夏涼，小豬們可以用木頭來蓋房子的主要結構；再用耐火的磚塊蓋出廚房；最後用輕盈的稻草鋪設屋頂，讓屋子在冬天時也很溫暖。像這樣結合所有材料的好處，就能蓋出四季都舒適的堅固房子了！

用耐火的磚塊蓋廚房

什麼建材的房子
比較適合居住呢？

在多地震、多颱風的地方，哪種材料在遇到地震和颱風時，不容易毀損呢？

稻草

○ 地震

草屋的重量輕，遇到地震時即使房子震垮，也不怕壓死人，可以放心。

✕ 颱風

草屋的重量輕，遇到颱風那樣強勁的風勢，或許會被吹走。

磚塊

✕ 地震

磚屋乍看之下很堅固，但遇到地震晃動，有可能崩塌。

○ 颱風

磚屋很堅固，遇到颱風的強風也不受影響。

每個地方
適合的房屋
建材不同！

木頭

○ 地震、颱風

木屋是能夠耐得住地震和颱風的房子。

＊臺灣因木材取得不易、潮濕炎熱易導致木材腐壞，多為磚屋與RC結構（鋼筋混凝土）建築。

Q 高塔遇到地震不會倒塌嗎？

A 使用了古老的「心柱」防震技術，所以不容易倒塌。

再高也不會倒嗎？

例如日本京都的東寺五重塔，以及奈良的法隆寺五重塔，它們的中央都有一根稱為「心柱」的大柱子，可減緩地震發生時的搖晃。就連現代的東京晴空塔，中心也運用了和「心柱」類似的設計，讓整座高塔能抵擋大型地震的搖動。

法隆寺的五重塔是一千多年前建造完成，而且不曾因為地震而倒塌。

就像五重塔一樣，晴空塔中央也有一根用鋼筋混凝土製的「心柱」。

用3D列印機蓋房子

現在，世界各地都在嘗試用「3D列印機」來蓋房子。如果發生地震等災害時，能夠快速蓋好臨時的組合屋，就可以幫助受災的居民度過難關。未來，這項蓋房子的技術還會持續進步，相信能蓋出可以住得更久、也更舒適的房屋。

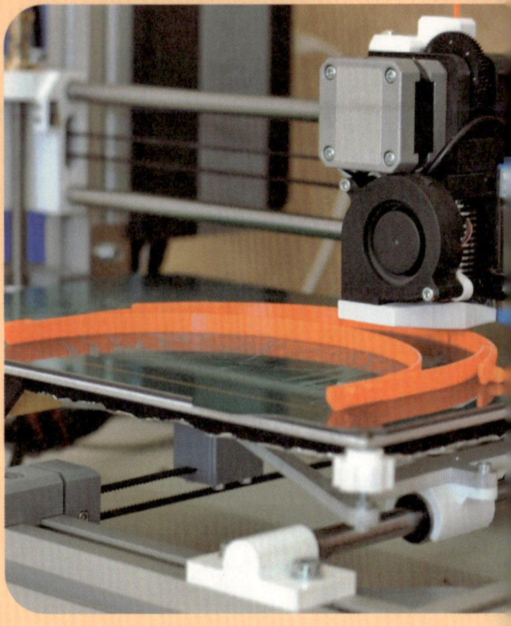

3D列印機會根據電腦資料製作出立體的形狀。照片中是防護面罩的零件。

來試試看吧！

挑戰用紙做出高塔

來挑戰用紙蓋一座高塔吧！你可以用一張報紙，或是兩、三張圖畫紙或影印紙。唯一能使用的工具是剪刀，不可以用膠水或膠帶黏貼。準備好了嗎？動動腦、試試看，你能把紙塔蓋得多高呢？

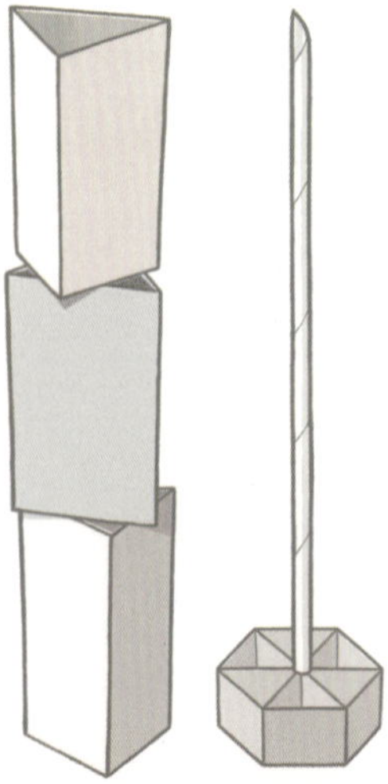

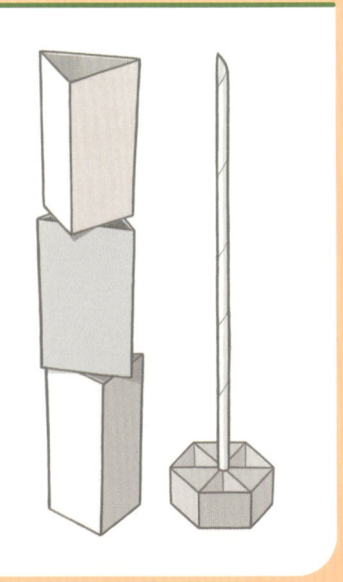

人魚公主

人魚公主本來在海裡過著自由自在的生活。
直到有天，她遇見了一位陸地上的王子，
竟用自己美妙的聲音，換取一瓶能變成人類的魔法藥水。
可是，人類不像魚能在水中輕快的游泳，
也無法在海裡呼吸。
為什麼人類和魚類的身體構造會有這麼大的不同呢？

童話裡的酷科學

魚類的奧祕 » P.75

在15歲生日這天，
住在深海裡的人魚公主，
第一次好奇的從海浪中探出頭來。
「哇，船上那個人長得眞好看！」
她看見了船上的王子，忍不住看得目不轉睛，
整個人都著迷了。

但突然間，海上颳起了猛烈的暴風雨，
王子不小心從船上掉進了海裡。
人魚公主毫不猶豫的救起了他，
並奮力將他送上沙灘。

這時，剛好有位女孩走了過來，
人魚公主只好趕快躲起來，
悄悄游回海中。

「我好想變成人類，再見到王子一面！」
為了這個願望，人魚公主用自己美妙的聲音，
向女巫換來一瓶能變成人的魔法藥水。

女巫警告她說：
「喝下這藥水後，妳的雙腳每走一步，
都會像刀割一樣痛。
而且，如果王子最後沒有和妳結婚，
妳就會化為泡沫，永遠消失。
即使這樣，妳還願意嗎？」

「是的，即使如此我也願意。」
人魚公主喝下藥水，忍著腳的疼痛，
向王子的城堡走去。

王子對這位不能說話的女孩非常溫柔，
但他並不知道，
她才是自己的救命恩人。

他反而誤以為是當初
在沙灘上遇見的那位女孩救了自己，
因此決定要和那位女孩結婚。

深夜裡，人魚公主傷心的望著大海，
她的姊姊們忽然從海中現身。
她們遞來一把利劍說：
「快！用這把劍刺向王子的心！
這樣一來，就算不能和他結婚，妳也不會變成泡沫，
還能重新變回人魚的模樣！」

「我怎麼忍心去傷害我最心愛的人呢……」
最後，人魚公主選擇祝福王子永遠幸福，
轉身將自己投入了大海。
但她並沒有化為泡沫消失，
而是變成輕盈的風中精靈，
溫柔的飛向了美麗的天空。

魚類的奧祕

為什麼魚能在水裡自在游動呢？

Q 為什麼魚類不能在陸地上、人類不能在水裡生活？

A 因為人類是用「肺」來呼吸，魚類則是靠「鰓」來呼吸的。

我們平時用嘴巴和鼻子吸氣、吐氣，
這個動作就叫做「呼吸」。
所有的生物都必須要呼吸，
這樣才能夠活下去。

生活在陸地上的人類和大部分的動物，是使用「肺」來呼吸；而生活在水裡的魚類，大多是利用「鰓」來呼吸。這兩種呼吸的方法和構造很不一樣，我們到下一頁來仔細看看吧！

動物的各種演化

我們用鼻子或嘴巴吸進空氣後，空氣會通過氣管，被送進身體裡的「肺」。在肺裡面，身體會留下空氣中需要的「氧氣」，再把不要的「二氧化碳」吐出去。

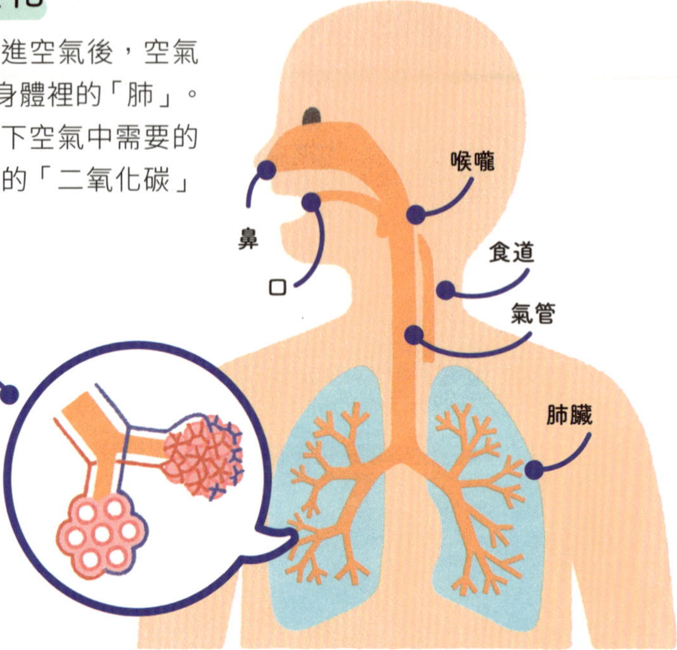

肺泡

肺泡是肺裡面，由許多像小氣球一樣的氣囊組成的。空氣中的氧氣和身體裡不要的二氧化碳，主要就是在這裡進行交換的。

什麼是用「鰓」呼吸？

魚從嘴巴吸進水之後，會利用「鰓」來吸收水中的「氧氣」，再把身體不要的「二氧化碳」排出去。雖然水裡的氧氣很少，但魚的鰓還是能努力吸收，來維持生命。

鰓

魚的「鰓」位在頭的兩側，上面有許多長得像梳子一樣的構造，稱為「鰓耙」。這個特別的構造，能幫助魚從水中吸收到更多的氧氣。

Q 我們在游泳的時候，手腳要怎麼活動呢？

A 主要是靠雙腳踢水，和雙手向後划水來前進。

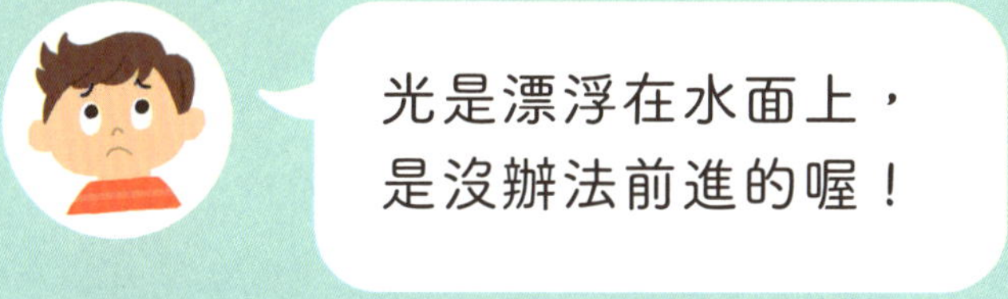

人在水中如果不活動手腳，身體就沒有辦法往前移動。
游泳時，我們把手向前伸，做出像是要抓住遠方東西的動作，這就叫做「划水」。
只要雙手有力的向後划水，再配合雙腳上下踢水的動作，就能在水裡游得又快又遠了。

捷泳（自由式）的手腳動作是什麼樣子？

腳踝要放輕鬆，用腳背和腳底一起拍打水面。打水的時候，雙腳要盡量保持伸直的狀態。

捷泳

〔手的動作〕

像是要去抓住遠方的東西一樣，將手臂伸長來划水。

〔腳的動作〕

把雙腳伸直，上下來回打水。

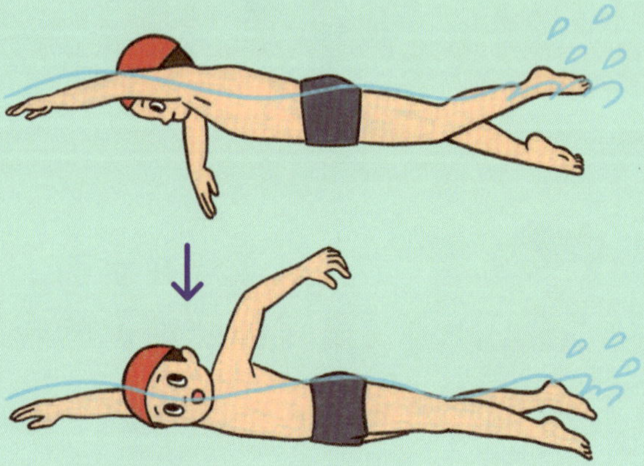

水中生物的游法（以海豚為例）

海豚是藉由上下擺動牠的尾鰭來前進。
這個動作和游泳的「蝶泳」踢水方式很相似，
所以也被稱為「海豚踢」。

蛙泳的手腳動作是什麼樣子？

首先將腳板勾起，讓腳底朝向後方，接著彎曲膝蓋、將腳跟靠近臀部，最後再像彈簧一樣伸直雙腿，用力向後踢水前進。

蛙泳

〔手的動作〕

雙手手掌向外划水，手臂的動作就像在畫一個大大的愛心。

〔腳的動作〕

❶雙腿的膝蓋向兩旁用力彎起來。

❷雙腳向後踢水的同時，雙手要向前伸直。

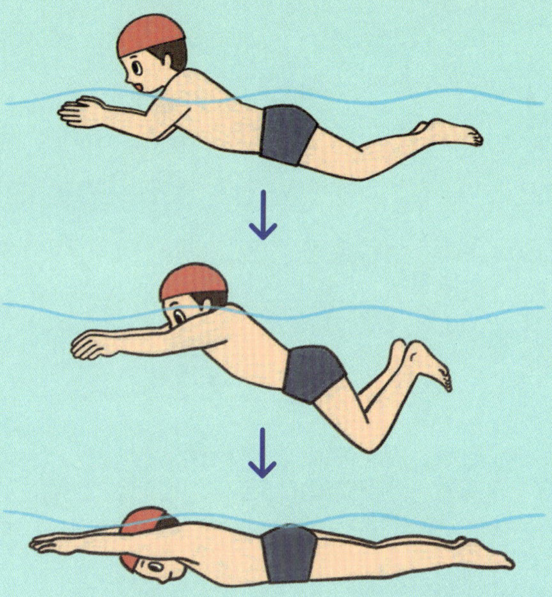

水中生物的游法（以青蛙為例）

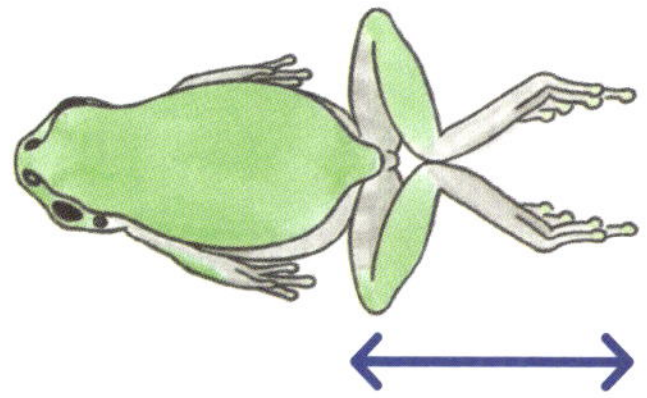

青蛙游泳的時候，牠的雙腿也像個彈簧一樣，牠們利用兩腿用力向內夾水的力量，讓身體往前進。

Q 為什麼魚能游得這麼快呢？

A 因為牠們懂得如何減少水的「阻力」。

當我們在水中想往前游的時候，總會感覺到水有一股往後推的力量，這種力量就叫做「阻力」。像是鯉魚或鮪魚這類游泳速度很快的魚，牠們會把暫時不用的魚鰭收起來、貼緊身體，主要只靠擺動尾鰭來前進，這樣就能有效減少水的阻力了。

人魚有人類的手及魚的尾鰭，所以應該游得很快吧？

在家做
實驗

自製小船比一比

我們來動手做兩艘形狀不同的船吧！
一艘的船頭是尖的，另一艘則是平的。
比賽看看，哪一艘船在水裡
前進的速度比較快！

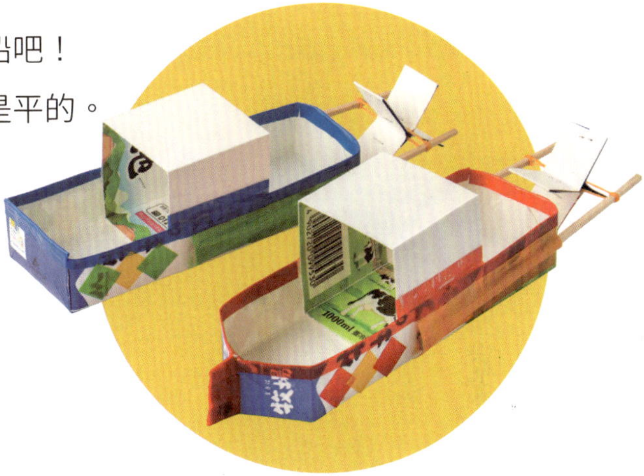

準備物品

・牛奶紙盒（1公升裝）…2個

・橡皮筋…2個

・免洗筷…2雙

・剪刀
・釘書機
・膠帶

※最好使用遇水也不會脫落的透明膠帶。

製作方式

1 拿一個牛奶紙盒，從開口的那一邊縱切成兩半。

2 把切開的①其中一半紙盒頂端折成平的，另一半做成尖的，兩邊都用釘書機固定。

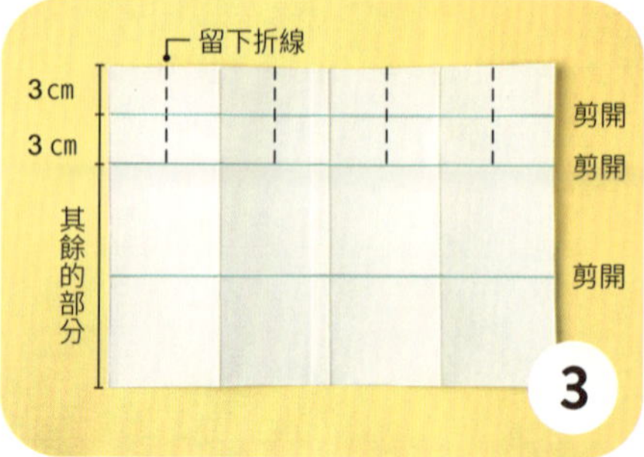

拿出另一個紙盒並攤平，剪掉盒子的底部和開口。接著，剪下兩條寬3公分的長條，在上面折出痕跡。最後，把剩下的紙板部分對半剪開。

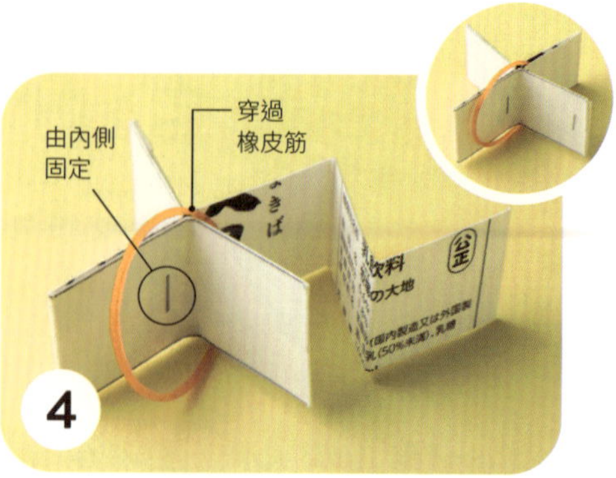

把3公分的紙條依折線折好，讓橡皮筋穿過中央，再用釘書機加以固定，當成螺旋槳。

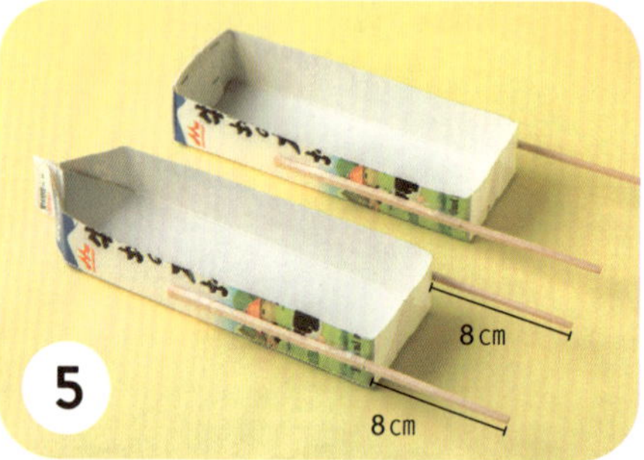

將兩根免洗筷，分別貼在步驟②船身的左右兩側。讓筷子尾端向後凸出大約8公分，用膠帶固定好。

將步驟③剪下的兩片紙板做成一個小方框，用膠帶貼在船身上面。接著，再把螺旋槳的橡皮筋，固定在伸出船尾的免洗筷末端。

為什麼速度會不同呢？

如果船頭是尖的，前進時受到的阻力比較小，速度會比較快。相反的，如果船頭是平的，前進時受到的阻力比較大，速度自然會慢一些。

螞蟻與螽斯

你看過螞蟻和螽斯嗎？

螞蟻們辛苦收集來的食物，都儲藏在什麼地方？

而螽斯清脆悅耳的叫聲，又是怎麼發出來的？

現在，就讓我們一起進入這些昆蟲奇妙又有趣的世界吧！

童話裡的酷科學

昆蟲的奧祕 » P.90

在豔陽高照的夏天，
螞蟻們正忙著搬運食物。

「螞蟻先生，天氣這麼熱，
你們還這麼努力工作呀！」
在草叢裡唱歌玩耍的螽斯笑著說。

「我們必須趁現在多收集些食物。
否則冬天一來，就找不到東西吃了。」
螞蟻這樣回答。
可是，螽斯聽完後大笑：
「以後的事情以後再說，
我才管不了那麼多，哈哈！」

夏天過去了，秋天悄然來臨，
螽斯還是只顧著玩樂。

終於，冬天來了。
草都枯了，冷風呼呼的吹，
螽斯冷得直發抖，一邊嘀咕著：
「嗚嗚，好冷……肚子也好餓……
一點吃的都沒有……對了！」

螽斯跑去找螞蟻，開口請求：
「可以分我一點食物嗎？
你收集了很多吧？」

螞蟻搖搖頭，說：
「螽斯先生，如果你當初好好工作，
現在就用不著煩惱食物了呀！」

不久，雪開始落下，
一片片靜靜的積在螽斯的背上……

用科學解謎！

螞蟻與螽斯

昆蟲的奧秘

螞蟻和螽斯到底是什麼樣的昆蟲？
還有沒有其他昆蟲也會叫呢？

Q 螽斯是什麼樣的昆蟲？

A 螽斯是夏天～秋天常見的昆蟲。

和蝗蟲長得很像？

從夏天到秋天這段時間，在河邊、田裡或草叢中，都可能發現螽斯的蹤影。那麼，要怎麼分辨長得很像的螽斯和蝗蟲（也就是蚱蜢）呢？最簡單的方法，就是觀察牠們頭上「觸角」的長短。如果觸角比身體還要長，那大多是螽斯；如果觸角比較短，那很有可能就是蝗蟲了。

蝗蟲類

體長約 3.5 ～ 6 公分

長得很像，
但其實不一樣！

螽斯

體長約 3 ～ 4 公分

摩擦翅膀發出聲音

螽斯和蟋蟀這類昆蟲，是藉由互相摩擦前翅來發出聲音。而蝗蟲家族的昆蟲，則是靠著摩擦前翅和後腳來發聲的。螽斯的叫聲，聽起來大概像是「啾！嘰啾！」的聲音。

昆蟲為什麼要鳴叫？

其實會鳴叫的昆蟲通常只有雄蟲，
雌蟲不會叫。
雄蟲鳴叫的原因也是包羅萬象，
包括與其他雄蟲打架、吸引雌蟲，
或宣示自己的地盤等。

螽斯正在宣示地盤

螽斯正在吸引雌蟲

Q 除了螽斯之外，還有其他「會唱歌的昆蟲」嗎？

A 有非常多種哦！

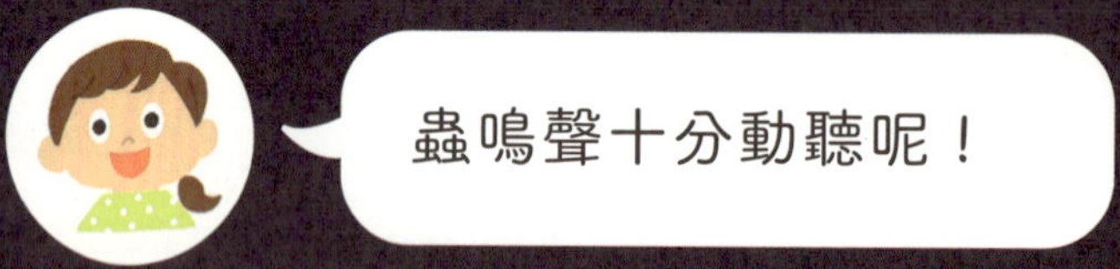

來聽聽秋天昆蟲們的歌聲吧！

螽斯大多是在夏天的白天鳴叫；而一到了秋天，就輪到鈴蟲、雲斑金蟋、蟋蟀、寬翅紡織娘、日本棘腳斯等昆蟲，在夜晚開起熱鬧的演唱會了。牠們之所以在秋天努力唱歌，是為了要尋找另一半，好在寒冷的冬天來臨之前，順利生下牠們的下一代。

《蟲之聲》（日本教育部1910年唱遊課指定歌曲）

那邊，雲斑金蟋在鳴叫——
「叮叮啾、叮叮啾、叮～啾～」
接著，鈴蟲也開始唱起來——
「鈴鈴鈴鈴、鈴～鈴～鈴～」
整個漫長的秋夜裡不停歌唱，
啊～真是有趣的蟲鳴之聲。

「唧唧唧唧」是蟋蟀，
「喳喳喳喳」是寬翅紡織娘，
接著是棘腳斯來報到——
「啾啾啾啾、水啾啾～！」
整個漫長的秋夜裡不停歌唱，
啊～真是有趣的蟲鳴之聲。

雲斑金蟋

鈴蟲

蟋蟀

寬翅紡織娘

棘腳斯

Q 螞蟻的家裡
長什麼樣子呢？

A 一起來看看針毛收穫蟻
的蟻穴裡有什麼吧！

蟻穴裡有好多房間！

螞蟻的種類非常多，不同螞蟻的家，
樣子也都不太一樣。這裡要介紹的，
是一種會儲藏食物的「針毛收穫蟻」的家。
牠們會在地面上建造出入口，然後往地底下挖掘，
蓋出許多相連的房間。

螞蟻會在蟻穴儲存食物嗎？

雖然大多數螞蟻都會收集食物，但牠們通常是當場就吃掉了。牠們會把養分存在肚子裡，再帶回去分享給其他螞蟻。所以就算找到蟻穴，裡面也不一定有儲藏室喔！

食物房

針毛收穫蟻的家有專門儲藏食物的房間，用來存放從地面上找到的食物。多數螞蟻吃昆蟲，但針毛收穫蟻特別愛吃植物的種子，並會把種子存起來。

女王房

在女王房裡有一隻蟻后，每天會產下數百顆卵，一年下來能生出成千上萬隻工蟻寶寶。

育嬰房

在螞蟻的家裡，只有蟻后（女王螞蟻）負責生蛋，其他的工蟻則要負責照顧螞蟻寶寶（也就是幼蟲），因此蟻穴裡需要有好幾個育嬰房。

我想看看螞蟻的巢穴內部！

購買現成的「螞蟻窩觀察箱」或是自己動手做一個都可以。只要準備一個透明容器，放入土壤、食物，讓螞蟻搬進來，牠們就會自己開始築巢。

用透明盒子就能製作。把透明盒子裝進厚紙箱裡，打造跟土裡一樣黑暗的環境，螞蟻們就會開始安心築巢。

可用來觀察螞蟻築巢情況的市售「螞蟻窩觀察箱」。

影像提供／銀鳥產業（股）

來想想看吧！

你是螞蟻型？還是蝨斯型？

如果你是那種默默努力、有耐心一步步完成目標的人，你就是「螞蟻型」。如果你是想到什麼就馬上動手、行動派的人，你就是「蝨斯型」！你覺得自己是哪一種呢？

牛郎與織女

相傳，勤勞的織女和牛郎這對戀人，
每年只能在七夕這一天相會一次。
現在，就讓我們一起抬頭仰望夜空，
解開這些遙遠星辰的奧祕吧！

童話裡的酷科學

宇宙的奧祕 » P.103

這是一個發生在天上的故事。
住在銀河邊的織女，
每天都勤奮織布，
為大家做出美麗的衣裳。
而牛郎是個認眞照顧牛群和田地的青年，
同樣非常勤勞。
可是——這兩人結婚後因為太恩愛，
竟然把工作都忘了，整天只想著玩樂！

天神看了非常生氣的說：
「這可怎麼辦！大家的衣服都舊了，
牛也生病，田地也都荒廢了！」

於是，天神用法力劃出一道寬闊的銀河隔開他們，
讓兩人只能在河的兩岸遙遙相望。

織女和牛郎因為太過寂寞傷心，
反而更加沒有心情工作了。
天神看了也很傷腦筋，只好答應他們：
「只要你們今後都認真工作，每年七月七日的晚上，
我就讓你們見一次面。」

從那天起，

織女織的衣裳比從前更加美麗；

牛郎也努力工作，

讓牛隻健康茁壯，田地恢復生氣。

天上的大家又恢復了開心的生活。

每年一到七月七日的晚上，
織女和牛郎便能跨越銀河，
共度一段幸福的時光。
如果那天剛好下雨，銀河的水漲了過不去，
喜鵲就會展開翅膀，搭起一座橋，
讓他們相見。

Q 七夕故事裡的星星是哪兩顆？

A 織女是「織女星」、牛郎是「牽牛星」。

夏季大三角

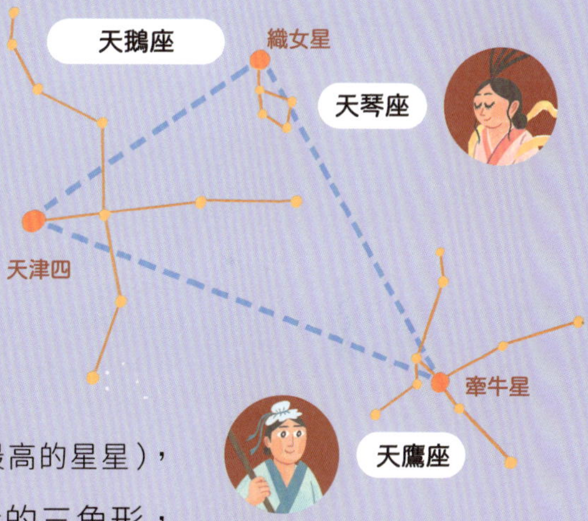

七夕故事的由來，正是來自於天上的「織女星」和「牽牛星」這兩顆星星。在夏天的夜空中，天鷹座的「牽牛星」、天琴座的「織女星」，再加上天鵝座的「天津四」，這三顆非常明亮的「一等星」（指亮度最高的星星），將它們連起來，就會形成一個大大的三角形，稱為「夏季大三角」。

在哪裡可以看到？

每年七夕晚上九點左右，只要抬頭望向東方的天空，就能看見明亮的「織女星」與「牽牛星」。在燈光明亮的都市裡，因為受到「光害」的影響，很難看見那道分隔他們的「銀河」。不過，只要到光害比較少的郊外或高山上，就能清楚欣賞到滿天星空與銀河的美麗景色。

Q 織女星與牽牛星在哪裡？

A 和地球一樣，都在「銀河星系」裡。

我們所居住的地球，
是「太陽系」這個家庭的一分子；
而「太陽系」則屬於
更龐大的「銀河星系」。
「織女星」和「牽牛星」也一樣，
都位於「銀河星系」之中。

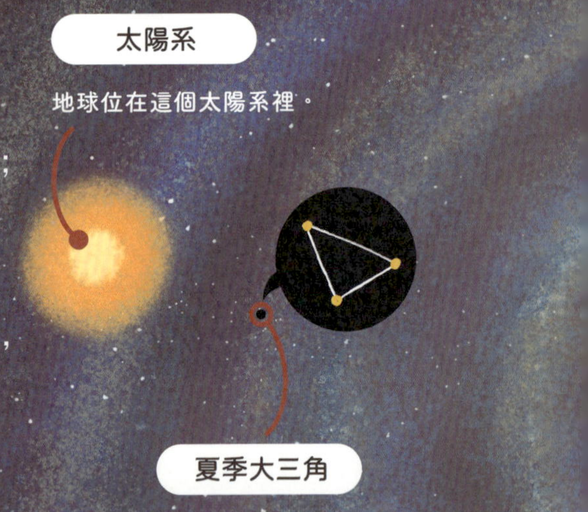

看起來很遠，其實很近？

在右邊的圖中，「夏季大三角」的三顆星看起來好像彼此靠得很近。那是因為，在非常非常廣大的「銀河星系」裡，它們的確算是距離比較接近的恆星。

從上方俯瞰

從側面看過去

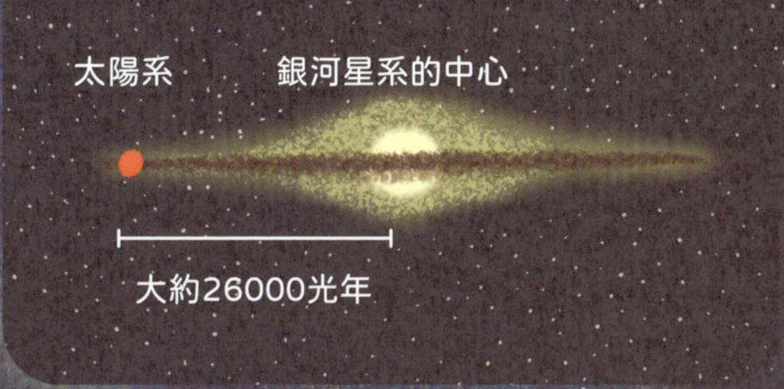

銀河是星光的集合體

從地球望向銀河星系中心的方向，
會看到大量星光匯聚成的光帶，
這條光帶就是我們看到的「銀河」。

什麼是「星系」？

「星系」是由許多恆星與星際物質（氣體與塵埃）組成的龐大天體群，也就是星星的集合體。「恆星」是像太陽一樣，會自己發光的星星。「星際物質」是指漂浮在星星之間的氣體和塵埃。當我們說「銀河系」，就是專指我們地球所在的「銀河星系」。宇宙中還有很多其他星系，像是「仙女座星系」等。

織女星和牽牛星之間距離有多遠？

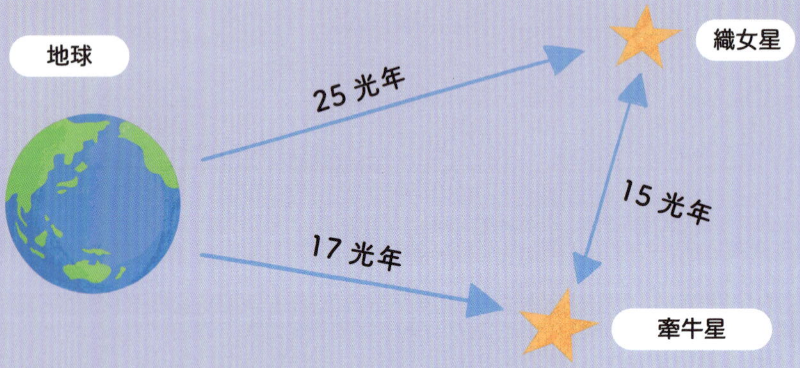

以光速前進，也要15年！

地球到織女星的距離約為25光年，到牽牛星的距離約為17光年，兩星之間相距15光年。

光的速度非常快，但即使如此也要花上15年才能抵達，不禁令人好奇，織女和牛郎究竟是如何見面的呢？

「光年」是什麼意思？

「光年」，指的就是光在一年之中所前進的距離。光的速度非常快，每秒鐘大約能前進三十萬公里，換算下來，一年大約能前進九兆五千億公里。※1

如果換成我們熟悉的高鐵（時速約三百公里）來跑，一年只能前進約兩百六十三萬公里，想要跑完一光年的距離，得花上三百六十一萬年這麼久！※2

光在1秒內可以繞行地球7圈半！

※1：前進的距離是30萬公里×60秒×60分鐘×24小時×365天＝9兆4608億公里

※2：9兆5000億公里÷263萬公里＝約361萬年

為什麼七夕是7月7日？

因為這時候織女星和牽牛星會更明亮、更容易看到。

在古代的曆法（農曆）中，夏季大三角在7月7日晚上9點左右，會正好出現在頭頂上，此時的織女星與牽牛星非常明亮清晰。七夕的傳說據說起源於古代中國，後來傳到日本，結合當地的民俗傳說，形成了現在的「七夕節」。

日本的七夕祭

在日本，國曆的7月7日通常還在梅雨季節，時常會因為下雨而看不見星星。因此，有些地區會改在農曆的7月7日，或是天氣比較好的國曆8月7日前後，才舉行七夕的慶祝活動。

「日本三大七夕祭」之一的仙台七夕祭，就是在每年的8月6日～8日舉行。

Q

冬天看不到
夏季大三角嗎？

A

看不到，因為
每個季節能看見
的星座都不同。

地球繞著太陽轉（稱為「公轉」）

即使每天在同一個時間抬頭看天空，隨著季節變化，我們看見的星座也會不一樣。這是因為地球繞著太陽公轉，轉一圈的時間正好就是一年。

我們白天看到太陽在移動，
其實在動的是地球！

季節不同，夜晚的星座也不同

因為地球公轉的關係，當我們所在的北半球進入冬天時，情況會和夏天正好相反。這時候，天蠍座會和太陽一起出現在白天，所以很難看見；而獵戶座則出現在夜晚的天空，因此可以被清楚觀測到。

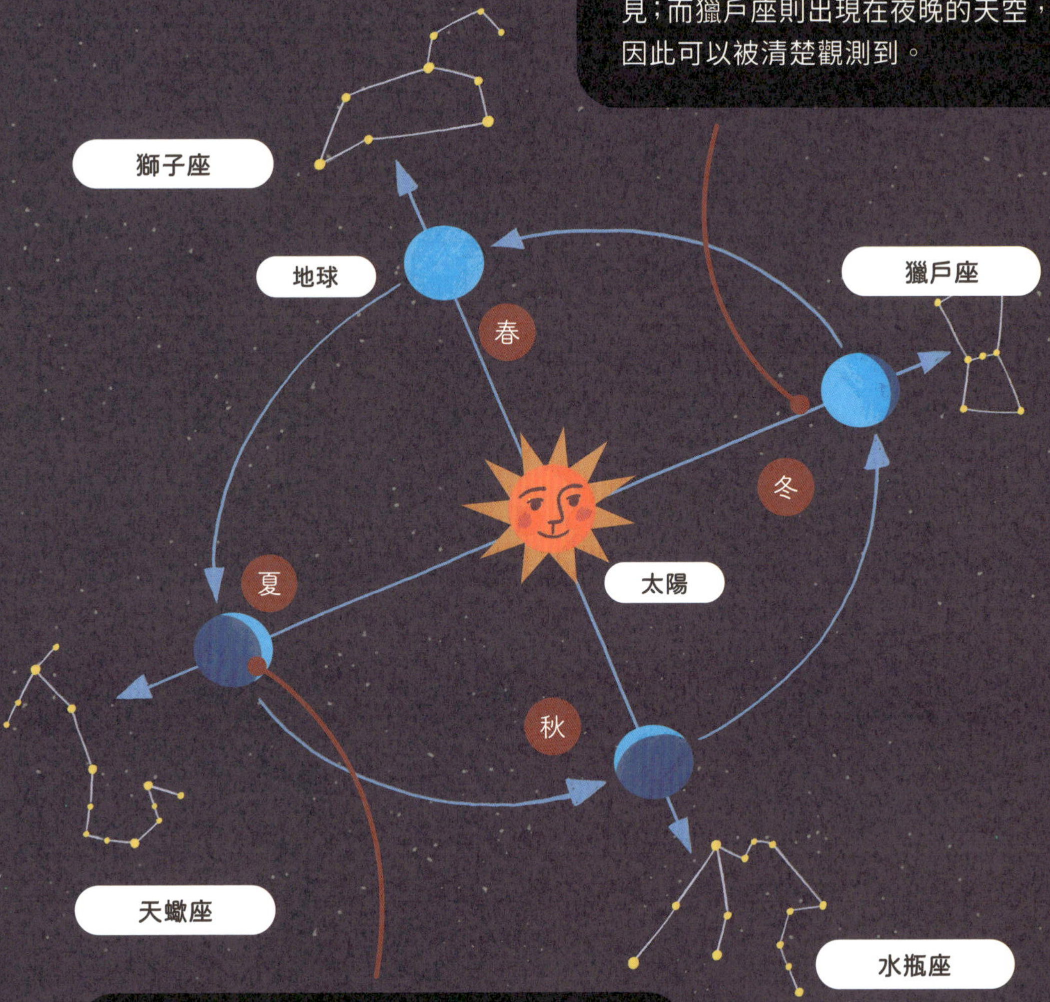

當臺灣所在的北半球是夏天時，獵戶座正好和太陽位在同一個方向。也就是說，它出現在明亮的白日天空下，我們的眼睛當然就看不見了。相反的，天蠍座這時位在和太陽相對的方向，出現在黑暗的夜空中，所以就能被我們清楚看見。

在家做實驗

一起來做星座傘

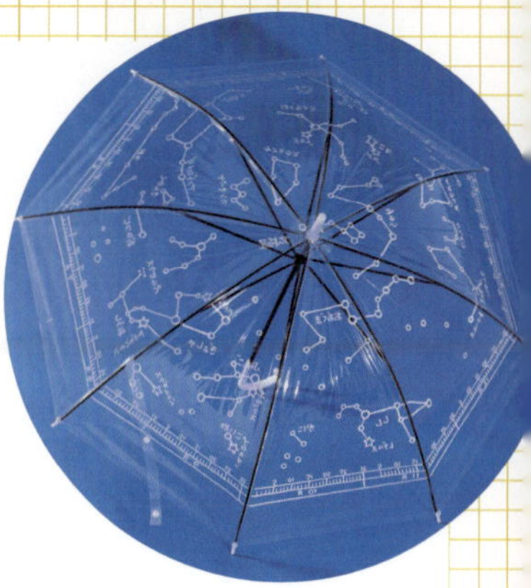

星座盤可以幫助我們知道星星出現的方向與時間。

準備物品

- 透明雨傘⋯1把
（50～55公分）

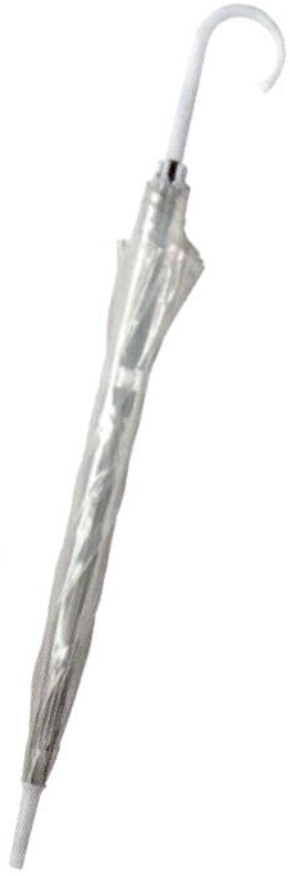

- 星座傘型紙

※可以買日本現成的星座傘型紙，或是從JST官方網站下載列印，或使用市售的星座盤分割成8等分、放大影印在A3紙上。

- 油性筆（白色）
- 無痕膠帶

製作方式

在雨傘外側（會淋雨那一面）貼上星座傘型紙，就能從內側透視到型紙上的星座盤。

拿白色油性筆把圖案描在雨傘內側，完成後就可以拆掉型紙。

雨傘的傘尖對準北極星，並把當天的日期轉到自己面前。

參考：JST（日本國立研究開發法人科學技術振興機構）「趣味教材有夠多」專欄的「簡易星象傘」。
※上述的製作方式是參考大島修老師發明的「星座速查傘」。

糖果屋

有一天，一對小兄妹在森林裡迷了路，
竟然發現了一棟由糖果餅乾蓋成的奇妙屋子！
那棟屋子究竟是用哪些材料蓋的呢？
如果能親手做一間，該有多好！
其實，在每一道美味甜點的背後，
都藏著許多不可思議的科學祕密喔！

童話裡的酷科學
甜點的奧祕 » P.119

有一天，哥哥漢賽爾和妹妹葛麗特在森林裡迷路了。
他們的爸爸是個貧窮的樵夫，
因為家裡窮得沒有東西可吃，
只好聽從妻子的話，不得已將孩子們留在森林深處。

「哥哥，我想回家……」葛麗特害怕的說。

「別擔心，我沿路偷偷撒了麵包屑，
可以跟著記號走回去。」
漢賽爾安慰她。

可是，麵包屑全被森林裡的小鳥吃光了，
一點也不剩。

「記號不見了……」兄妹倆在黑暗的森林中邊哭邊走，
就在這個時候——

「哇啊！」

「是糖果屋！」

肚子餓壞的兄妹倆，開心的撲向屋子，
大口咬著餅乾做的屋頂，
又舔了舔糖果做的窗戶。

這時，從屋裡走出一位老婆婆，
笑著說：「歡迎，進來坐吧。」
但她其實是個壞心腸的女巫，
她立刻把漢賽爾關進籠子裡，
還命令葛麗特幫忙做各種家事！
過了幾天，女巫對葛麗特說：
「去把烤爐的火生旺一點，我要把那個男孩子烤來吃！」
葛麗特吞吞吐吐的回答：
「我不知道怎麼生火……」
「哼，看好了，就是這樣！」

趁著女巫彎腰探頭進烤爐的時候——
葛麗特使盡全力「砰！」的一聲，

將女巫推進烤爐並關上了門！
「哥哥，我們成功了，快逃！」
兩人帶著女巫家中的金銀珠寶，順利回到了家。

爸爸見到他們，流著眼淚向孩子們道歉，
很高興他們能平安歸來。
而那位狠心的繼母，不久前已經生病去世了。
兄妹倆和爸爸就靠著賣掉珠寶換來的錢，
從此過著幸福快樂的生活。

甜點的奧祕

兄妹兩人迷了路，誤闖一棟糖果屋。
原來美味的甜點藏著好多科學祕密！

Q 為什麼糖果和餅乾是硬的？

A 在製作過程中，大部分的水分都蒸發不見了！

脫水變硬的糖果

糖果主要是用大量的砂糖製成的。將砂糖加水煮成濃稠的糖漿後，還要繼續加熱，讓水分蒸發到空氣中。這麼一來，糖的顆粒就能夠緊密結合，變成又硬又脆的糖果了！

麩質讓餅乾變硬

餅乾則是用麵粉，加入砂糖和奶油等材料做成的。麵粉加水攪拌後，會產生一種有彈性的物質，叫做「麩質」，摸起來有點像橡皮筋。把混合好的麵團送進烤箱烘烤，等水分蒸發光了，餅乾就會變得又香又硬了！

Q 為什麼巧克力那麼容易融化？

A 因為裡面的油脂在低溫下就會融化。

巧克力是用一種叫做「可可」的植物種子製成的。可可豆會先被加工成「可可膏」，再加入砂糖等材料混合，就成了巧克力。可可膏裡含有非常豐富的天然油脂，稱為「可可脂」。可可脂融化的溫度大約在34～38°C之間，和我們身體的溫度差不多。這就是為什麼巧克力只要一放進嘴裡，或是用手緊緊握著，就很容易融化變軟了。

這種是不易融化的巧克力。

可可的果實

可可的果實外殼堅硬，裡面是種子。種子經過發酵、烘乾、磨碎之後，就成了可可膏。

巧克力

可可膏加入砂糖等材料，就變成了巧克力。這種巧克力很容易融化，但若是加工成小小的巧克力豆，再裹上糖衣或餅乾，就比較不容易融化。

在家做
實驗

把巧克力融化再凝固吧！

加上可愛的裝飾！

依照個人喜好做出四方形、三角形、愛心等模型後，讓融化的巧克力重新凝固，做出各種形狀的巧克力吧！

準備物品

- 牛奶紙盒（1公升裝）…1個

- 巧克力片…1塊
- 夾鏈袋…1個
- 烘焙紙
- 剪刀
- 調理盆
- 食品溫度計
- 釘書機
- 烘焙烤盤

※使用釘書機固定牛奶紙盒時，請釘牢，以免鬆脫。實驗過程請務必和大人一起進行，做好後也要盡早吃完喔！

製作方式

將牛奶紙盒攤開，剪成寬度約2公分的長紙條。接著，把它圍成你喜歡的形狀，再用釘書機將接合處固定起來。

※如果想做愛心，頂部凹進去的地方釘得淺一點，底部尖端的地方釘得深一點，做出來的心形會更漂亮。

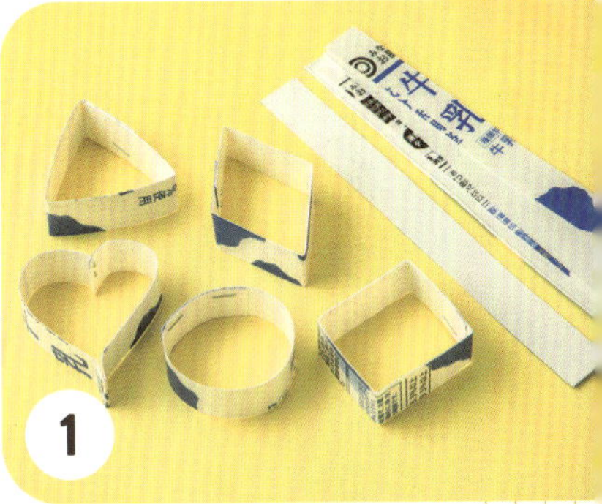

將巧克力切成小碎塊，放進夾鏈袋裡並把袋口密封好。然後，將整個袋子隔水浸泡在約60°C的熱水中，等巧克力慢慢融化。

先在烤盤上鋪好烘焙紙，再把步驟①的模型放上去。用剪刀在巧克力袋的角落剪開一個小洞，將融化的巧克力擠入模型中，再放進冰箱冷藏，直到巧克力完全變硬凝固。

甜點是什麼形狀的呢？

請你觀察看看家裡的糖果和餅乾，或是回想一下在點心店看過的各種甜點，是不是有圓形、方形、長方形等許多不同的樣子？如果把這些形狀巧妙組合起來，說不定能蓋出一棟可以吃的糖果屋！

捲心酥

威化餅

巧克力

餅乾

延伸知識

蜂巢擁有超堅固的蜂巢結構

蜂巢的形狀稱為「蜂巢體結構」，是由一個個緊密排列的正六邊形所組成。這種設計不但節省材料，還非常堅固、不易損壞。

蜂巢是一間間正六邊形的小房間拼成，既能製造出最多房間，又不浪費空間！

Q 糖果屋真的可以親手做出來嗎？

A 在動手之前，先來設計看看吧！

我們可以組合各種不同形狀的甜點和餅乾，
畫出一張設計圖，創造一間專屬於你、獨一無二的糖果屋。

要蓋一棟有煙囪的
一層樓平房嗎？

還是一棟有陽臺的
兩層樓小別墅呢？

積了白雪的屋頂，用融化的
白巧克力來表現如何？

那麼，房子的牆壁，
說不定可以用大塊的餅乾
來蓋喔！

動手做一間糖果屋！

每個人都有不同的想法，一起來做出世界上獨一無二的糖果屋！

點子❶

首先，在牛奶紙盒的外面，緊緊包好一層保鮮膜。接著，把糖霜當作膠水（筆狀糖霜用起來最方便！），塗在餅乾或糖果的背面，再一片片黏到保鮮膜上面。

包好保鮮膜的牛奶紙盒。

要用哪些餅乾糖果來製作呢？

點子❷

將海綿蛋糕或蜂蜜蛋糕當作基底，切出房子的形狀，接著塗滿一層打發好的鮮奶油，再貼上餅乾和糖果來裝飾。

也可以把蛋糕切成方形和三角形，組合成房子的樣子。

在組合好的蛋糕上，仔細塗上一層打發鮮奶油。

動動腦，怎麼樣能讓糖果屋更堅固呢？

※給家長們的小提醒：
製作糖果屋時，建議陪著孩子一起動手享受過程，並提醒他們注意食物的清潔與衛生。
完成後請冷藏保存，並盡快食用完畢。

輝夜姬

相傳，一位老爺爺在發光的竹子裡，
發現了美麗的竹取公主「輝夜姬」。
世界上眞的有會發光的竹子嗎？
故事的最後，輝夜姬回到了月亮上；
可是，月亮有時候也會看不見，難道她也一起消失了嗎？
在這個日本自古流傳下來的故事裡，
其實藏著許多神奇的科學奧祕！

童話裡的酷科學

月球的奧祕 » P.132

「咦？這根竹子怎麼在發光？」
某天，一位老爺爺在竹林裡，
發現了一根會發光的竹子。
他好奇的將竹子剖開一看，
沒想到裡面竟然躺著一個小小的嬰兒。
「我們帶她回家，好好養育她長大吧！」
老爺爺和老奶奶將這個孩子視為珍寶，細心呵護著。

很快的，嬰兒長成一位美麗動人的少女，
大家稱呼她為「輝夜姬」。
許多聽聞她美貌的年輕人都前來提親，
對老爺爺說：「請把輝夜姬嫁給我吧！」

輝夜姬總是微笑著回答說：
「只要誰能為我找來世上罕見的珍寶，我就答應嫁給他。」
但是，不管前來求婚的人帶來了什麼寶物，
輝夜姬都只是輕輕的搖著頭，
沒有答應任何人的請求。

一個月圓的夜晚，輝夜姬哀傷的望著月亮。

她對老爺爺和老奶奶說出了心底的祕密：

「其實，我是從月之世界來的，

過不了多久，我就必須回去了。」

在一個滿月高掛天際的夜晚，

天上緩緩降下來自月亮的隊伍，準備迎接她。

「不要走啊，輝夜姬！」

老爺爺和老奶奶哭著請求她留下。

輝夜姬含著眼淚道別：

「再見了，爺爺、奶奶，請你們務必保重。

謝謝你們這些年來的照顧。」

說完，她便跟著隊伍，緩緩的升空回到月亮上去了。

月球的奧祕

你看過竹子或竹筍嗎？
輝夜姬回去的「月亮」，又是什麼樣的地方呢？

Q 真的有會發光的竹子嗎？

A 在某些情況下，有些竹子看起來的確像在發光。

其實不是竹子本身會發光！

故事裡老爺爺看到的，很可能是一種叫做「毛金竹」的竹子。這種竹子的表面，天生就覆蓋著一層白色的粉末，當月光照在上面時，看起來就像是竹子本身在微微發亮一樣。

表面泛白的毛金竹。

竹子的高度約10～15公尺，粗3～10公分。

各種發光生物

會發光的生物包括昆蟲之中的螢火蟲等、海中的水母和烏賊等、真菌之中的某些蕈菇等。據說在地球上有數千～數萬種會發光的生物。但奇怪的是，目前還沒有發現會發光的植物。

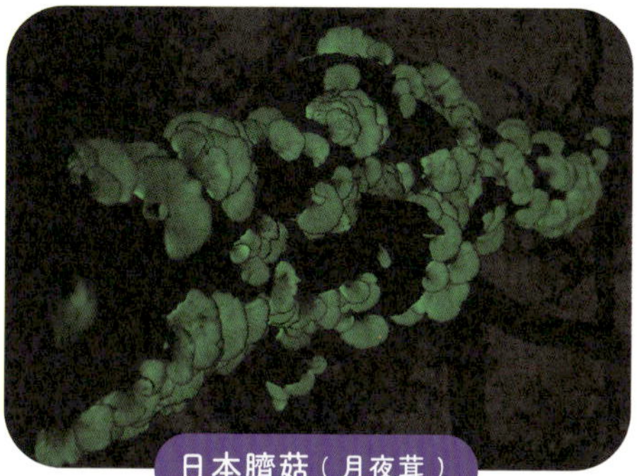

日本臍菇（月夜茸）

夜晚會發出淡淡青白光。

發光小菇（夜光茸）

夜晚會發出亮綠色的光芒。

白天時看起來就像普通的蕈菇。

白天看起來是白色！

源氏螢

腹部會發光。

為什麼會發光？

不同生物發光的原因也不盡相同，通常是因為這些生物體內的「發光酵素」受到刺激，或與其他成分結合，才會發光。

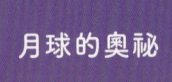

Q 竹子長大需要多久？

A 從發芽開始，半年內就能長到20公尺！

從竹子裡出生的輝夜姬，轉眼間就長大了，其實現實中的竹子也長得超級快！竹子會從地底的地下莖長出芽，成為竹筍，接著快速長成竹子。有紀錄顯示，竹子一晚可長高1公尺；像「孟宗竹」這種，半年就能長到約20公尺高。

來吃竹筍！

一到春天，就能在超市等地方看到帶殼竹筍。

快點煮來吃看看！

1 帶殼竹筍先用清水洗去泥土，剝掉兩、三層硬殼，再縱切劃上一刀。

2 放入鍋中，加水與一點米或米糠一起煮。

3 煮到竹籤能輕鬆插進去時就關火，自然放涼。

煮熟後，剝去堅硬的殼，露出柔軟的部分。

水煮過的竹筍剝去外殼後，把柔嫩的部分切成小塊備用。加入白米一起煮成竹筍飯非常美味；加入糖醋排骨或青椒肉絲也很好吃！

竹筍飯

青椒肉絲

拉麵裡的「筍乾」是竹筍嗎？

是的，拉麵裡好吃的「筍乾」，原料確實就是竹筍，大多是用「麻竹」所製成。

Q 為什麼月亮的形狀會變？

A 其實是因為太陽照射月球時，光亮和陰影的範圍不同所造成的。

就像地球繞著太陽轉一樣，月球也繞著地球轉。

滿月

當月球、地球、太陽如右圖的順序排成一直線時，從地球上就會看到月球完整的受光面，也就是滿月。

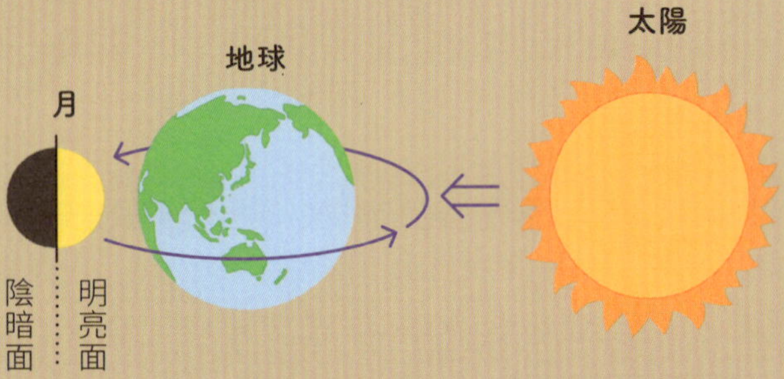

新月

當太陽、月球、地球如右圖的順序排成一直線時，從地球上看不到月亮的受光面，所以月亮像是「消失」了。

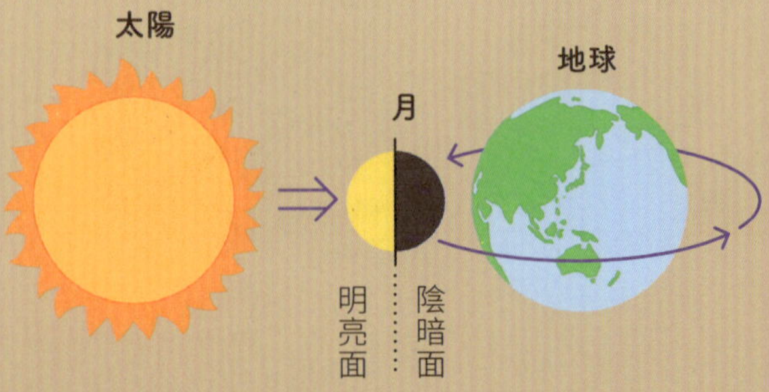

延伸知識

月光有多亮？

滿月的亮度大約是 0.25 勒克斯（Lux，計算亮度的單位）。而適合讀書的亮度大約是500勒克斯，兩者相差非常多。在民間故事裡，有個沒錢買燈的人，就在屋頂上借著月光讀書。由此可見，在沒有電燈的從前，明亮的滿月對人們來說，是多麼珍貴的光源。

滿月

在沒有其他光源的地方，會感覺滿月特別明亮。

眉月

亮度大約只有滿月的 100 分之 1 ，但跟夜空裡的其他星星比起來，還是感覺很亮。

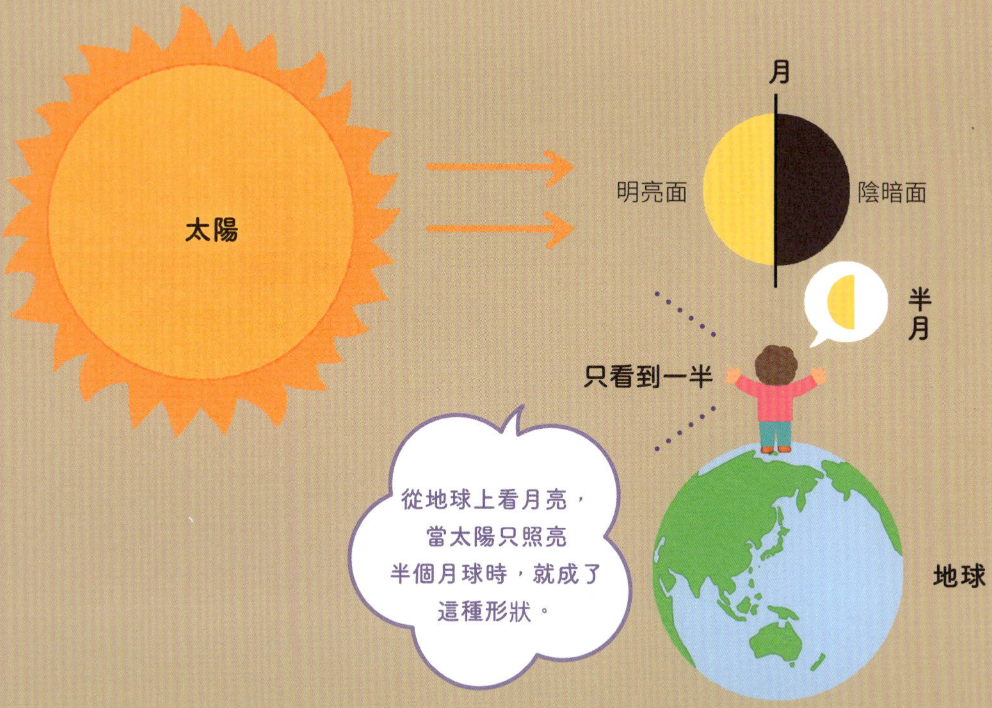

Q 人類可以住在月亮上嗎？

A 說不定不久之後就能成真！

未來住在月亮上的可能性越來越高。現在已經有太空人在地球上空的國際太空站（ISS）生活並進行實驗，如果能把這種設施蓋在月球上，說不定就真的可以住在那裡。

飛行在地球上空的太空實驗設施「國際太空站」（ISS）

如果住在月亮上，會和住在地球有什麼不同？

【地球與月球的不同】

	地球	月球
空氣	有	沒有，但月球土壤中有氧化物，或許可提煉出氧氣利用
水	有	或許有
食物	有	沒有，可在類似溫室的設施中種植蔬菜
電力	有	可利用太陽能發電或太陽熱發電

人類的登月計畫

人類在西元1969年首次成功登陸月球，當時美國「阿波羅計畫」的兩位太空人，從登月小艇踏上了月球的表面。時隔五十多年之後，人類目前正準備透過全新的「阿提米絲計畫」，再次挑戰重返月球的任務。

來想想看吧！

你想住到哪顆星球呢？

你有沒有「想要住住看」的星球呢？
比方說，地球所在的太陽系的其他星球？

太陽系有 8 顆行星。
在夜空中會發紅光的火星，就是地球的鄰居。
再過去的木星非常大，直徑有地球的 11 倍！

如果我們飛出
「銀河星系」，
還有仙女座星系等
廣大的宇宙在等著我們。
我們目前對宇宙的了解
還不夠多，今後又會有
什麼樣的新發現呢？

大蕪菁

老爺爺種下一顆蕪菁種子，細心培養它長大。
結果長出來的是一顆前所未見的——
超！級！大！蕪！菁！
這蕪菁到底有多大？該怎麼拔才能拔出來呢？
大家一起來想一想，
要怎麼享用這顆又甜又好吃的蕪菁吧！

童話裡的酷科學
重量的奧祕 » P.147

老爺爺在田裡種下蕪菁的種子，
不久後，長出了前所未見的超大蕪菁！
老爺爺高興得不得了。
「這顆蕪菁一定很好吃。
看我把你拔出來！嘿咻！」
可是，蕪菁卻沒有半點動靜。

「老婆婆～快來幫忙呀！」

老爺爺叫來了老婆婆，兩人合力一起拔。

「嘿咻！」

卻還是拔不動。

這時，老爺爺叫來孫女，
「用力拔！嘿咻！」
蕪菁還是絲毫不動。

最後，連小狗、小貓、老鼠
都被喊來幫忙，
「大家用力！嘿咻！」

終於「啵！」的一聲，
蕪菁被拔出來了！
「太好啦！」
他們很快就把蕪菁煮成湯，
大快朵頤一番。

用科學解謎！

大蕪菁

重量的奧祕

大家齊心協力拔起來的那顆大蕪菁，
到底有多重呢？

Q 蕪菁是什麼樣的蔬菜？

A 是冬天特別好吃的蔬菜。

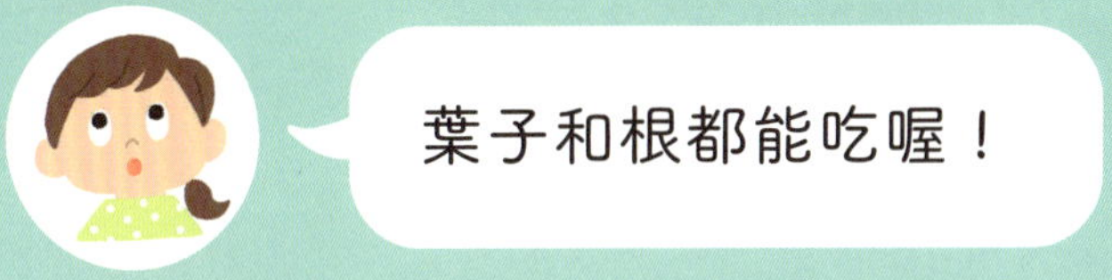

每當天氣變冷時（主要產季為十一月到隔年四月），就是蕪菁變得更甜、更好吃的季節。
我們常吃的蕪菁，它圓圓白白的部分其實並不是根，而是莖的一部分，叫做「下胚軸」。
蕪菁和我們餐桌上常見的白蘿蔔、青花菜一樣，都屬於「十字花科」這個植物家族。在日本，人們會在每年的一月七日吃「七草粥」來祈求一整年的健康，而蕪菁也是其中的重要材料！

蕪菁

葉子也含有豐富的營養。

七草粥

加入七種春季野菜（芹菜、薺菜、鼠麴草、繁縷、稻槎菜、蕪菁、白蘿蔔）的粥。

Q 大家各自能用多大的力氣來拔蕪菁呢？

A 每個人可以拉動和自己體重差不多的重量。

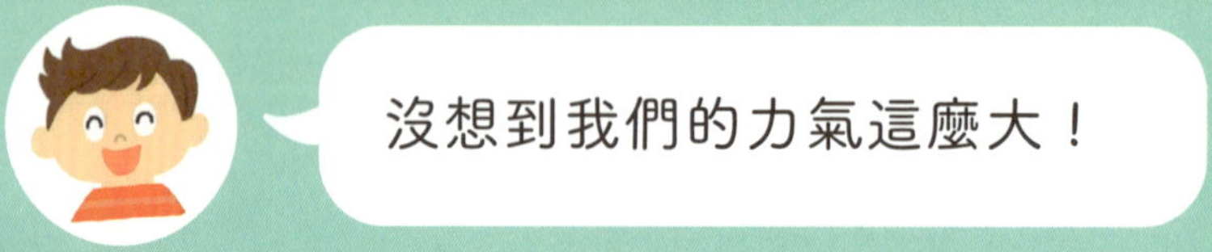

當地面穩固時，
人通常可以拉動跟自己體重
差不多重的東西。
比方說，體重15公斤的人，
大約能夠拉動三袋5公斤的米。

但如果地面很滑的話，
力氣就會變小，無法拉到那麼重。

如果每個人都能拉動跟自己體重一樣重的東西，會是怎樣呢？

體重 80 公斤的人，使出全力的話，
能拉動 80 公斤的東西。

體重 60 公斤的人，使出全力的話，
能拉動 60 公斤的東西。

體重 30 公斤的人，使出全力的話，
能拉動 30 公斤的東西。

體重 20 公斤的小狗，
大致上能拉動 20 公斤的東西。

體重 5 公斤的小貓，
大致上能拉動 5 公斤的東西。

體重 500 公克的老鼠，能拉動 500 公克的
東西！力氣雖小，卻是最後的關鍵力量！

大家同心協力，
總共能拉動195.5公斤的東西！

Q 那顆「大蕪菁」到底有多重？

A 推算大約100公斤左右。

想要把蕪菁從土裡拔出來，因為有土壤阻力、根系深度、摩擦力等因素，需要施加「蕪菁重量兩倍」的力量。因此拔蕪菁的所有人體重加起來的一半，差不多就是那顆大蕪菁的重量※。不過如果地面濕滑，或蕪菁埋得太深，就有可能無法順利拔起來。

「大蕪菁」和
100公斤的冰箱
差不多重！

「大蕪菁」比
150公斤的相撲選手
還輕一點！

※推算「大蕪菁」的重量，是以P.149中拔蕪菁的所有人的體重加總，再除以2，也就是195.5公斤÷2＝約97.75公斤。

真的有這麼重的蔬菜嗎？

世界各地的有趣蔬菜

當然有！例如有一種稱為「大西洋巨無霸南瓜」的品種，體型非常巨大，重量甚至可以達到好幾百公斤。

這是比小小孩更大的南瓜。
另外還有比重量的競賽。

來想想看吧！

除了煮湯之外，大蕪菁還能怎麼料理？

在日本，用蕪菁做的醬菜「千枚漬」很出名。
蕪菁不管是
拿來烤、煮、醃……
樣樣都好吃！
你想怎麼吃呢？

在家做實驗

挑戰 兩邊平衡

「大蕪菁」之所以難拔，是因為拉的力量和蕪菁的重量幾乎是勢均力敵。那兩股力量「勢均力敵」又是什麼意思呢？

準備物品

- 衣架⋯2個
- 毛巾

製作方式

1. 將一個衣架放在桌上，稍微突出桌沿。
2. 取另一個衣架，掛上一條毛巾。
3. 把②的衣架掛在①的衣架上。移動桌上衣架的位置，試著找到平衡點。

如果毛巾太重，掛上衣架後整個掉下來，可以增加桌面上的衣架。

為什麼垂掛的衣架不會掉落？

雖然掛著毛巾的那一邊比較重，但整個裝置卻沒有掉下來，這是因為它像天秤一樣，達到了力量的「平衡」。

這個實驗的關鍵，在於那個突出桌邊的衣架掛鉤，它扮演了支撐點的角色，我們稱之為「支點」。以「支點」為中心，一邊是「桌上衣架往下的重量」，一邊是「掛毛巾衣架往下的重量」。當這兩股力量的大小剛好「不相上下」時，就能保持平衡，不會掉落了。

北風與太陽

為什麼會吹風？
太陽又為什麼那麼溫暖？
只要了解北風和太陽背後的科學祕密，
你就會發現這故事不是在比「誰厲害」，
而是在告訴我們「他們都很厲害」！

童話裡的酷科學 天氣的奧祕 » P.159

「這世界最厲害的，當然是我！」

「才不，是我才對！」

北風和太陽爭論了起來。

「那就來比賽吧！」

北風對太陽說：

「你看到那個旅人了嗎？

誰能讓他把外套脫掉，誰就贏了！」

「好啊，就這麼辦！」太陽答應了。

「那就我先來！」

北風說完，朝著旅人吹起刺骨的冷風。

呼呼～！颼颼～！

「我要吹飛那件外套！」北風大喊。

可是旅人卻說：

「好冷、好冷啊……」

他反而把外套裹得更緊，無論如何都不肯脫下來。

「接下來換我了。」太陽說。
太陽輕輕的、暖暖的照在旅人身上。

過了一會兒——

「啊，越來越熱了！」
旅人說著，把外套脫了下來！

「唉……我輸了！看來光是靠著蠻力，
不一定就能成功啊。」
北風說完，覺得有些不好意思，
「颼──」的一聲，飛向遙遠的天邊，
消失不見了。

Q 向陽和背陽，有什麼不一樣？

A 關鍵就是有沒有照到太陽喔！

陽光很暖和呢。

向陽處

是指陽光能直接照射到的地方。陽光的熱會使得向陽處的地面升溫。在中央氣象署發出高溫警示的炎熱夏天，陽光下的地面甚至會接近 40°C ！

背陽處（背陰處）

是指建築物或樹木擋住，陽光照不到的地方。這些地方因為隔絕了陽光的熱度，所以地面溫度有時會比其他地方低上 10 ～ 20°C ！

太陽很火熱

太陽的表面溫度，高達6000°C左右！到底有多熱呢？我們平常看到的蠟燭火焰，溫度大約是500～1000°C；而火山爆發時的滾燙岩漿，溫度大約在900～1200°C之間。和這些相比，就知道太陽表面的溫度是多麼驚人了。

太陽用光和熱猛烈燃燒著。

來試試看吧！

一起研究太陽的熱能

我們生活中經常利用太陽的熱能，
最常見的例子就是曬衣服。
比較看看衣服在晴天、陰天、雨天、
晾在室內等情況下，
分別需要多久時間才能曬乾吧！

Q 風是怎麼來的？

A 是因為空氣受熱之後，產生流動而形成的。

眼睛看不見的風，其實就是「空氣的流動」。當太陽把地面的空氣曬熱後，溫暖的空氣會變輕，然後往上升（這就是「上升氣流」）。空氣上升後，原來的地方就會變得「空氣稀薄」，於是，旁邊比較冷、比較重的空氣就會流過來填補，空氣的這種移動，就形成了風。

浴室裡的熱空氣會與冷空氣交替循環，使得整個空間變暖。

高氣壓

空氣比旁邊重、氣壓比旁邊高的區域。因為高空的空氣緩緩下沉到地面，所以空氣受到壓縮而變重。高氣壓區的特徵是天氣晴朗，萬里無雲。

低氣壓

與高氣壓相反，因為靠近地面的空氣受熱後變輕、上升，所以旁邊的空氣移動過來填補空缺。低氣壓區的特徵是高空多雲，容易下雨。

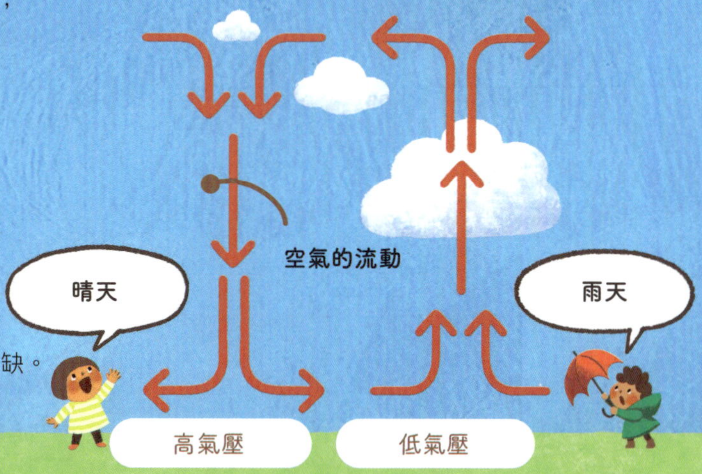

Q 為什麼北風這麼冷？

A 因為北風是從非常寒冷的北方吹過來的！

為什麼風會變冷呢？

風吹來的方向，就稱為「風向」，所以「北風」指的就是從北方吹來的風。在地球最北邊的北極地區，因為不太容易曬到太陽，所以接收到的熱量很少。因此，從寒冷的北方吹來的風，感覺起來自然就特別冰冷了。

落山風

臺灣恆春的落山風是很有名的地區性風暴現象，是一種乾燥的強烈地面陣風，時常會超過七、八級陣風的程度。由於風向一律是來自東北或北北東，對恆春半島西岸而言，風是從山上吹向海上，所以數百年來，當地人稱之為「落山風」。（資料來源：中央氣象署）

不同季節的風向也不同

冬

冬天的季風，從非常寒冷的亞洲大陸，吹向溫暖的海洋。當這股又乾又冷的空氣，經過溫暖的海域時，會變成又濕又冷的空氣，在亞洲沿海地區（例如日本或韓國）降雪。

秋

感覺像春天一樣，不冷也不熱，非常舒服。這是因為來自北方的乾冷空氣，與來自南方的溫暖空氣，正好在這個季節交會了。

春

來自北方的冷空氣會慢慢變弱，南方的暖空氣則漸漸變強，因此春天的天氣時而涼爽，時而溫暖。

夏

溫暖又潮濕的空氣，會從太平洋等海洋吹向亞洲大陸，形成「南風」或「西南季風」。

在家做實驗

挑戰自製垂直軸風車

這是一種直立式風車，不管風從哪個方向吹來都會轉動。

準備物品

- 紙杯…2個

- 竹籤…1根

- 吸管…1根
- 剪刀
- 無痕膠帶

製作方式

將紙杯直直的剪成兩半。在其中一半的杯底剪開一小刀。

用無痕膠帶，將剪成兩半的紙杯，口對口黏起來。

吸管用無痕膠帶貼在黏合的紙杯內側。

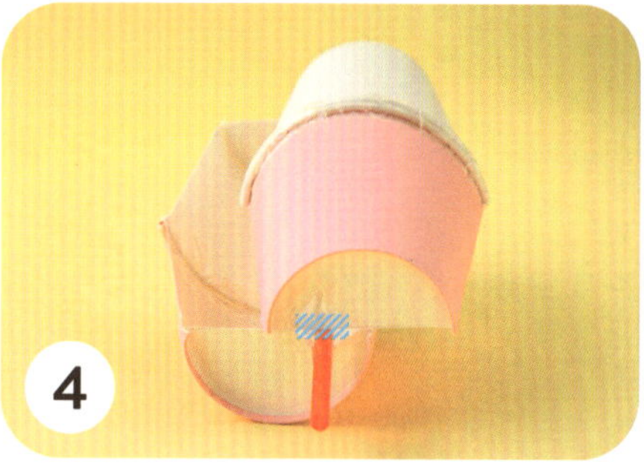

一樣用無痕膠帶，把兩組口對口黏合的紙杯固定在一起，兩組紙杯要稍微錯開。

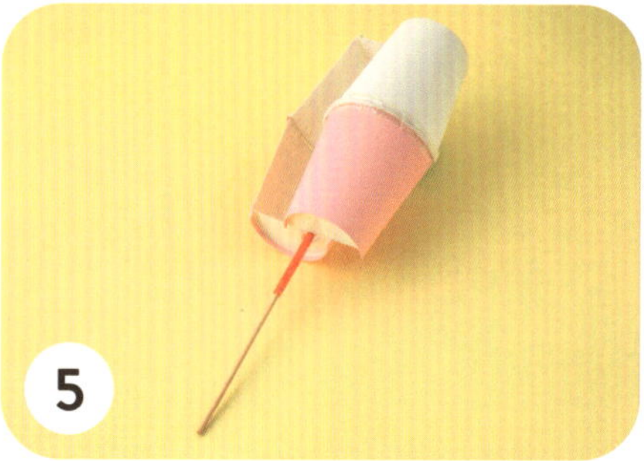

吸管剪短一點，再將竹籤的尖端插入吸管裡。

垂直軸風車與風力發電

風力發電上也使用這種風車收集來自四面八方的風，即使是微風，也能夠轉動風車發電。此外，都會區的高樓大廈之間有時會出現強風，有了垂直軸風車，就可以把風力轉換成電力了。

不管風來自任何方向，都可利用這兩片扇葉發電。

可永續使用的能源

使用太陽、風、水、地熱等取之不盡、用之不竭的天然資源製造的能源，稱為「再生能源」。即使不向國外採購石油和天然氣等化石燃料，我們也能靠臺灣的天然資源發電、製造能源。

利用太陽的光能發電！

使用太陽能電池，把來自太陽的光能轉換成電力，這就稱為「太陽能發電」（太陽光電）。太陽光電裝置只要照到陽光，就能發電。

太陽能電池組合起來，構成太陽能板。

風力發電

利用風車轉動發電機（類似馬達的東西），就能製造電。像臺灣或日本這樣四面環海的島嶼國家，很適合在海上建立風車來發電。風力發電在世界各地已經被廣泛使用，臺灣也在持續發展中。

風力發電的風車（風力發電機）通常都非常巨大。

浦島太郎

相傳，一位名叫浦島太郎的青年，
救了一隻被孩子們欺負的大海龜。
為了表達感謝，海龜邀請他到海底龍宮參觀。
坐在海龜的背上潛入大海，是多麼奇妙的體驗啊！
深邃的海底，究竟藏著什麼樣的祕密呢？
跟著浦島太郎，一起探索神祕的海洋世界吧！

童話裡的酷科學
海洋的奧祕 » P.174

有一天，浦島太郎在海邊
看見幾個孩子正在欺負一隻大海龜。
他立刻上前制止說：
「喂！不准欺負牠！
海龜先生，你沒事吧？快逃！」

幾天後，被他所救的海龜游到面前，
對他說：「請坐上我的背。
為了報答您的救命之恩，
我想帶您去海底的龍宮參觀。」

「哇，聽起來真有趣！」
浦島太郎爽快的答應了。
他坐上龜殼潛入海中，驚訝的發現：
「太不可思議了，我竟然能在水裡呼吸！」

海底的龍宮是一座華麗又雄偉的宮殿。
美麗的龍宮公主「乙姬」親自出來迎接他：
「歡迎光臨，請把這裡當成自己家，不用客氣。」
還為他準備了非常豐盛的筵席。

許多魚兒成群結隊的為他跳舞，
浦島太郎看得津津有味，
忘了時間的流逝。
他享受著如夢似幻的生活，
就這樣過了好幾天。

後來，浦島太郎說：
「我差不多該回村子去了。」
乙姬公主便送給他一個禮物：
「這是特別的寶盒，
千萬不能打開喔 。」

浦島太郎坐著海龜，再次回到了故鄉的海邊。
沒想到村莊的景象完全不同，人事已非，
熟悉的家人和朋友全都不見了。
他在慌張與困惑之下，
忘記了公主的叮嚀，打開了寶盒。
只見盒子「砰！」的一聲，冒出一大股白色濃煙。

等到白煙散去之後，
浦島太郎驚訝的發現，
自己已經變成一位
白髮蒼蒼的老公公了。

Q 真的有大到能載人的烏龜嗎？

A 有些烏龜真的很大！

最大的烏龜是「革龜」

不管是生活在海裡的海龜，或是陸地上的陸龜，都有體型大到可以載人的種類。世界上最大的龜，是海龜家族中的「革龜」。

牠的龜殼很特別，摸起來是柔軟的，觸感像橡膠一樣。想像一下，坐在這種龜殼上，會是什麼樣的奇妙感覺呢？

有些動物園可以體驗騎乘象龜。
影像提供／體感型動物園iZoo

龜殼竟然是骨頭？

龜殼的功能，是為了保護身體，抵擋敵人的攻擊。而這個堅硬的外殼，其實是由烏龜的「肋骨」變形而來的。

世界上的大型烏龜

這裡介紹三種特別巨大的海龜與陸龜。

革龜

體長約為 200 公分，龜殼長度為 180 公分，體重則有 500 ～ 600 公斤。目前紀錄中最大的革龜體長 256 公分，體重 916 公斤，發現於 1988 年。

綠蠵龜

體長大約 150 公分，龜殼長約 100 公分，體重為 100 到 150 公斤。有趣的是，生活在夏威夷和東太平洋的綠蠵龜，因為外殼顏色比較深，所以被當地人稱為「黑海龜」。

加拉巴哥象龜

一種棲息在加拉巴哥群島的巨大陸龜。牠的體長約 130 公分，龜殼長度約 120 公分，主要以青草和仙人掌等植物為食。

延伸閱讀

遠古時代的海龜「古巨龜」

在距今約 7500 萬年前，海洋中曾有一種巨大的古代海龜，叫做「古巨龜」。
牠的身體連同尾巴，總長度超過 400 公分，體重推測有 2000 公斤以上。

Q 海底真的有龍宮嗎？

A 日本各地都有相關的傳說。

從很久以前，神祕的海底對人們來說，
就是一個不可思議的世界。
古時候的人們相信，
海底存在著另一個國度，
在那裡可以找到神奇的力量
或珍貴的寶物。

而《浦島太郎》這個故事，
正是集合了
許多在日本各地流傳的傳說，
經過長久的時間，
慢慢演變成
我們今天所讀到的樣子。

浦島太郎與龍宮的傳說

這裡介紹幾個廣為人知的日本傳說景點。

木曾的寢覺之床（長野縣）

傳說浦島太郎從龍宮回來後，發現世界上已經過了好幾百年。傷心的他於是踏上旅程，據說最後停留的地方就是這裡。

指宿 龍宮神社（鹿兒島縣）

據說這裡是浦島太郎出發前往龍宮的地方。神社的建築也帶有龍宮的風格，從後方還能眺望開聞岳的美麗山景。

拍攝協助／鹿兒島縣南薩地區振興局

橫濱的浦島觀音堂（神奈川縣）

傳說浦島太郎從龍宮帶回來的，除了那個神祕的寶盒之外，還有一尊觀音菩薩像，就供奉在這座觀音堂裡。

影像提供／慶運寺

深海裡是什麼樣子？

Q 深海裡
是什麼樣子？

A 那是一個陽光完全照不進去，非常黑暗的世界。

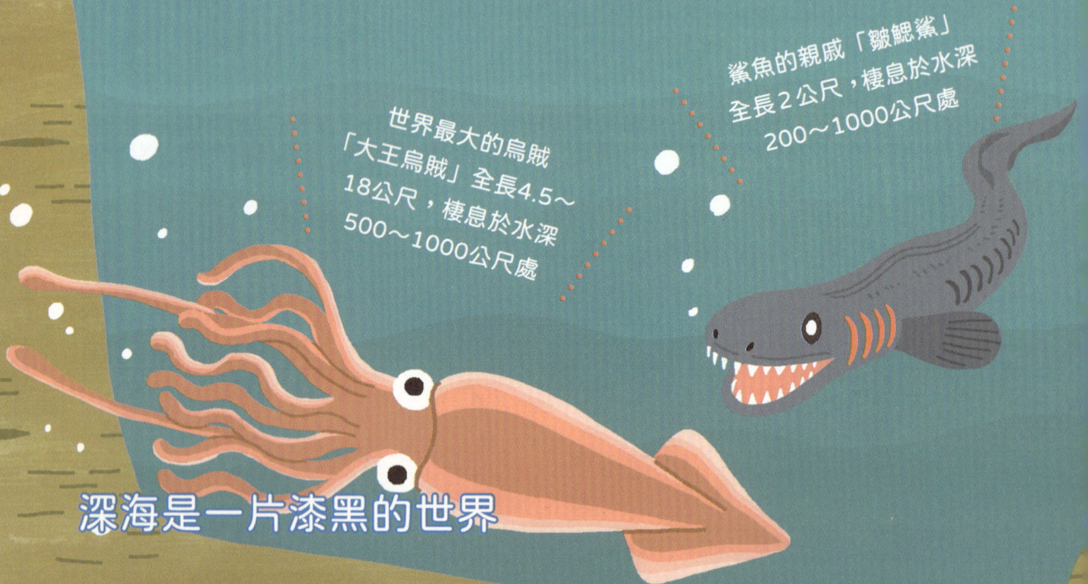

海底是菲律賓的
馬里亞納海溝，
深達10994公尺。

深海是一片漆黑的世界

從海平面往下，深度超過200公尺的地方，就被稱為「深海」，陽光幾乎無法抵達這裡。若再往下潛到1000公尺深，更是伸手不見五指，一片漆黑。不過，在這樣黑暗的環境裡，仍然有許多生物居住著。為了生存，深海生物們演化出各式各樣奇特的樣貌：有些生物為了收集微弱的光線，眼睛變得特別大；也有些為了能準確捕獲稀少的食物，嘴巴長出了尖銳的牙齒。

有人潛入超過200公尺深的海裡！

一般來說，人類在海裡憋氣游泳的極限深度，大約是30公尺。不過，在不攜帶氧氣瓶的「自由潛水」比賽中，曾經有選手創下潛入超過200公尺深的驚人紀錄！順帶一提，革龜甚至可以下潛到1200公尺深呢！

人類的身體無法承受太深的海嗎？

當人憋著氣潛入深海時，身體會承受來自四面八方的水的壓力，稱為「水壓」。如果潛得太深，強大的水壓就可能會傷害到肺部的血管。

潛水艇好厲害！

日本的「深海6500」號載人潛水艇，可以潛入水下6500公尺的深海。它有著非常堅固的外殼，所以不會被巨大的水壓壓扁，能安全的進行各種深海研究。

什麼是水壓？

「水壓」，指的就是水的重量所造成的壓力。因為水的重量會不斷往下疊加，所以在越深的海裡，水壓就會越大。

收到的寶箱禮物，
居然會把人變成老人，
真是不可思議。

來想想看吧！

只屬於自己的特殊寶箱

故事裡的寶盒一打開就冒出白煙，感覺非常神祕。
假如你也能得到一個這樣的寶物，
會希望它有什麼特別的功能呢？
比如說，能變身成動物的寶箱？能帶你上天下地的寶箱？
說不定還能發現各種新奇事物呢！

雖然和寶箱有點不同，
現實生活中也有一種東西叫做「時光膠囊」。
你可以把你現在畫的圖、做的勞作放進盒子裡，埋在土中，
和未來的自己約定，幾年或十幾年後再把它挖出來。
那時候的你，會變成什麼樣的大人呢？

白鶴報恩

白鶴是什麼樣的鳥？
織布機又是什麼樣的機器呢？
在了解這些故事中的事物與其原理之後，
建議你再把故事重新讀一次。
相信你會發現，故事不僅變得更有趣，
也更容易理解了！

童話裡的酷科學
鳥類的奧祕 » P.188

在一個下著大雪的日子，
一位老爺爺進城賣完木柴，
正走在回家的路上。
他發現一隻美麗的白鶴被捕獸夾困住了，
正在痛苦的掙扎著。
「唉呀，真是太可憐了。」老爺爺心疼的說完，
便上前幫忙鬆開夾子，讓白鶴飛走了。

當天晚上，一位從未見過的年輕女孩，
「咚咚咚」的敲響了老爺爺家的門。
她憂愁的說：「外頭的風雪好大，
我沒有地方可以去，不知道該如何是好。」
老爺爺和老婆婆商量了一下，
決定好心收留這位少女住下來。

就這樣過了一段時間。這天，少女站在織布機前，
對老爺爺和老婆婆說：
「為了報答你們，我來幫忙織一些布吧！
不過請答應我，在我織布的時候，
絕對不可以打開門偷看喔。」

「啪嗒啪嗒、喀啦哩……」
織布的聲音，連續不斷的響了三天三夜。

少女終於走出房間，
手上捧著一匹既輕柔又美麗的布，
遞給老爺爺說：「請把這個拿去賣錢吧。」
老爺爺把布帶到城裡，
果然賣得了很好的價錢。

少女很快又回到房間裡，織布的聲音再度響起。
老爺爺和老婆婆越想越擔心：
「這麼美麗的布，到底是怎麼做出來的呢？」
「她總一個人待在房裡，身體不要緊嗎？」
最後，他們因為太過擔心，
忍不住從門縫偷偷往裡面瞧了一眼。

沒想到正在織布的，
竟是老爺爺之前救過的白鶴。
牠正拔下自己的羽毛，
一根一根地編織成布料。
白鶴發現自己被看見了，便哀傷的說：
「既然被你們看見眞面目，我就不能再待在這裡了。」
牠把剛完成的布交給兩人後，
便拍動翅膀飛走了。

鳥類的奧祕

故事裡的白鶴用羽毛織布，真是不可思議！
布料到底是怎麼做的？白鶴是什麼樣的鳥呢？

Q 鶴是什麼樣的鳥？

A 是「丹頂鶴」，全身雪白，頭頂鮮紅，是體型很大的鳥。

丹頂鶴是外型漂亮的鳥！

有人認為《白鶴報恩》中出現的白鶴，很可能是丹頂鶴，因為在日本只要一提到鶴，多半就是指丹頂鶴。丹頂鶴有著雪白的身體、紅色的頭頂，和從眼角到脖子的黑色羽毛，外型非常優雅美麗。

雙翼展開時，長度可達 240 公分，是體型很大的鳥。

鳥的羽毛也有不同的種類喔！

1 飛羽

長在翅膀後側，又長又堅固，是鳥類飛行時最重要的羽毛，它們是直接從骨頭上長出來的。

2 體羽

覆蓋在鳥類全身，像是頭、胸、肚子和背部等處的羽毛，主要的功能是用來保護身體。

3 絨羽

長在體羽的下面，是像絲線一樣又細又軟的羽毛，能幫助鳥的身體保持溫暖。

來試試看吧！

調查一下鳥羽毛的顏色！

鳥類的羽毛顏色非常繽紛多彩，有紅色、綠色、黑色、藍色等等。

你可以翻開圖鑑，或是到動物園觀察看看，還能發現哪些漂亮的羽毛顏色呢？

金剛鸚鵡

彩虹巨嘴鳥

翠鳥

Q 鳥的羽毛可以用來織布嗎？

A 只靠鳥的羽毛沒辦法織成布，不過羽毛可以拿來做成其他東西。

布通常是用線織成的，可以使用以下這些材料製作。

線和毛線材料

綿羊毛

蠶繭

棉花

↓

羊毛線

生絲

棉線

鳥的羽毛被拿來做什麼呢？

羽毛的種類與用途

羽毛包括飛行用的羽毛，以及保護身體、維持體溫的羽毛。不管是哪種羽毛，都因為太短，沒辦法變成線。

絨羽

蓬鬆柔軟的絨羽生長在體羽的內側，有保持體溫與防水的功能。經常用來製作羽絨外套或羽絨被。

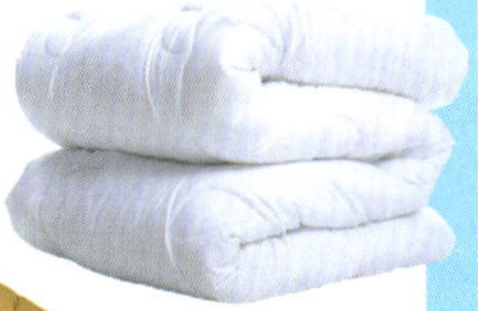

羽絨被

羽絨外套

飛羽

有羽軸的羽毛。用在帽子的裝飾、羽毛球的球上，較大的鳥羽還可做成羽毛筆使用。

羽毛球

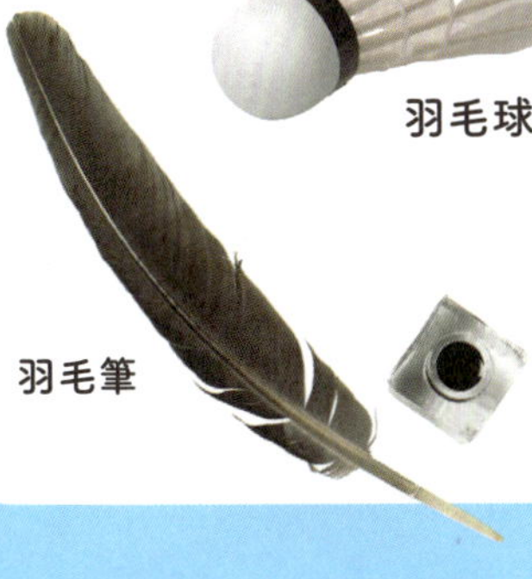

羽毛筆

Q「織布機」是什麼機器？

A 把細細的線織成布的機器。

要怎麼從線變成布呢？

織布機是用來製作棉布或絲綢等織物時使用的工具，橫線穿過直線，就能把線織成布。這種機器要靠人的手腳操作，完成一塊布很花時間，所以美麗的織品能以高價賣出。白鶴織出的美麗布料，應該也賣了個好價錢吧？

正在使用織布機織布。

布是由直線（經線）與橫線（緯線）交錯織成。只要改變交錯方式，就能做出各式各樣的織品。

從人力織布機到動力織布機

在西元1896年，一位名叫豐田佐吉的日本發明家，發明了一種利用「蒸氣」的力量來驅動的「動力織布機」。這項發明讓快速、大量的織布變成了可能，也大大提升了當時日本的「工業力」（也就是利用機器，大量製造優良物品的能力）。

豐田佐吉發明的「豐田式汽動織布機」

影像提供／豐田產業技術紀念館

來試試看吧！

用放大鏡觀察布料！

看得見直線（經線）和橫線（緯線）嗎？
用的是什麼線呢？摸起來是什麼感覺？
布料也有很多不同的種類呢。

在家做實驗

一起編手繩！

手繩是用各種顏色的線編織而成。
從線做出一樣東西有點困難，
但還是來挑戰看看吧！
也可以加入串珠，做成自己喜歡的樣子！

製作方式

打單結固定
三股編
三股編
三股編

三股編

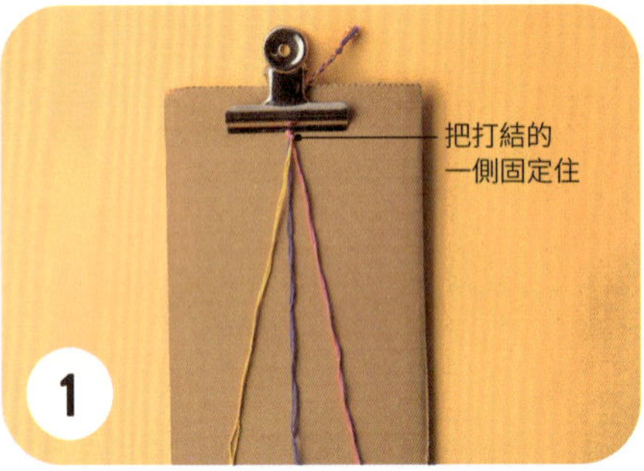
1
把打結的
一側固定住

準備60公分長的繡線，每色2條為1股。把線尾打結綁在一起，再用夾子固定在厚紙板上。

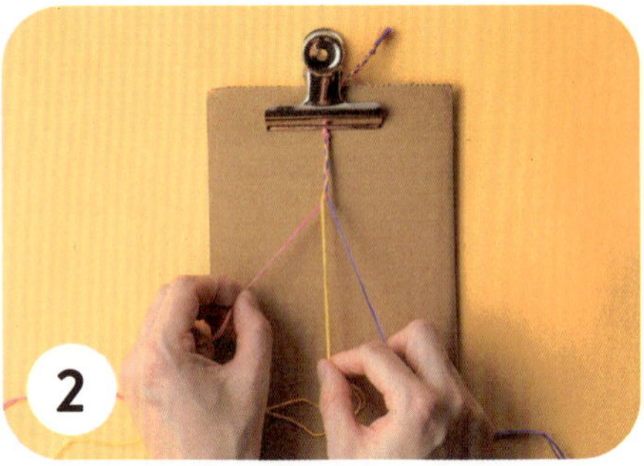
2

照著下圖的步驟反覆編三股編。編到喜歡的長度，再打個結。

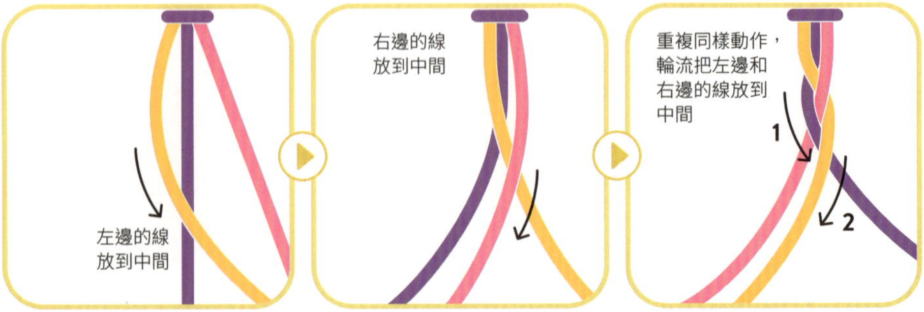
左邊的線
放到中間
右邊的線
放到中間
重複同樣動作，
輪流把左邊和
右邊的線放到
中間
1
2

準備物品

・厚紙板
・夾子

・繡線（6股線，又稱25號繡線）
選擇3種自己喜歡的顏色

※三股編的材料是60公分長的繡線，每色各2條。環繞結的材料是80公分長的繡線，每色各2條，併在一起當作「1股」。

輪結編

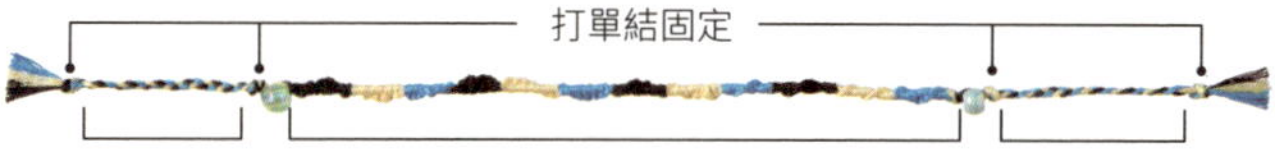

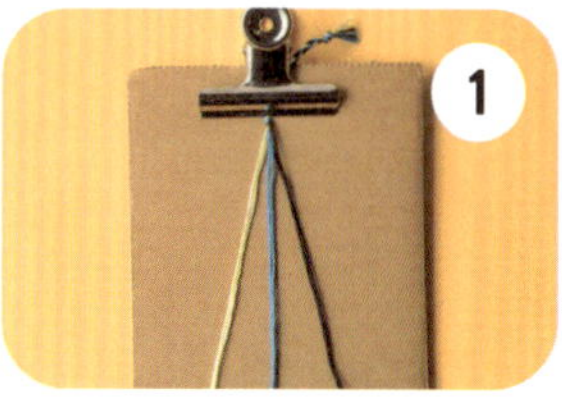

準備80公分長的繡線，每色2條為1股。將所有線的尾端打一個結，再用夾子將打結處固定在厚紙板上。

決定好「繞圈線」的顏色，並將其他兩色當作「中心線」。手指勾著繞圈線，擺出「4」的形狀。

將線的尾端穿過「4」字中間的洞。

將繞圈線拉緊，並把繩結往上推好。

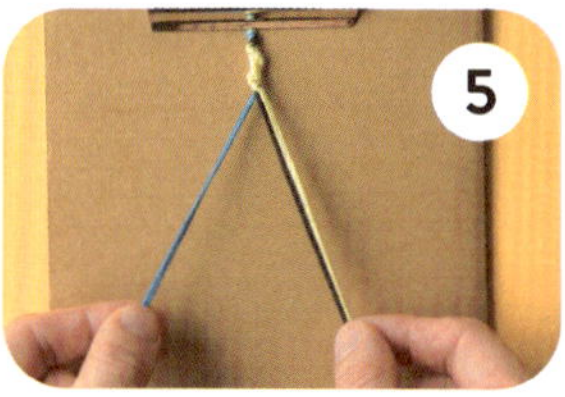

重複纏繞數次後，改以「中心線」其中一色當「繞圈線」，剩下兩色當「中心線」。

交換線材後，編出來的顏色順序就會改變。接著重複步驟②到④的動作。

Q 鳥是如何飛行的呢？

A 最主要就是靠著上下用力的拍動翅膀。

鳥類飛行時，會用力向下拍動翅膀，把空氣往下推，身體就會因為反作用力而向上飛起來。翅膀往下拍時會遇到空氣的阻力（也就是空氣推擋的力量），這時鳥會改變翅膀角度，輕鬆的向上抬起，接著再次用力往下拍。不斷重複這個動作，就能在空中飛行了。

停在空中的「懸停」飛行

有些鳥類能非常快速拍動翅膀，讓身體停留在空中同一個定點，不前進也不後退。

不拍翅膀的「滑翔」飛行

也有些鳥類會將翅膀完全張開，乘著「上升氣流」，一邊盤旋一邊輕鬆飛向高空。

龜兔賽跑

這是關於「飛毛腿」兔子先生，
和「慢吞吞」烏龜先生賽跑的故事。
故事中，牠們前進的速度到底相差多少？
充滿自信的兔子，又為什麼會在比賽半途睡著了呢？
這些問題的答案，也許需要動點腦筋，
讓我們一起來思考看看吧！

童話裡的酷科學

速度的奧祕 » P.203

一隻烏龜慢吞吞的走在路上，

兔子一蹦一跳的跑了過來。

「烏龜先生！你走路的速度眞的好慢啊！」

「兔子先生，我雖然動作慢，還是可以贏過你喔。」

「那我們要不要比一下？
從這裡跑到那座山的山頂，
誰先到誰就贏！」
「當然好啊。」

預備——開始！

兔子飛快的跑了出去，

烏龜只是慢吞吞的移動腳步。

兔子回頭看了看，很快就放心了。

「都已經看不到烏龜先生了，哈哈哈哈！
牠怎麼可能贏過我！」
兔子完全放鬆了，
決定在樹蔭下休息一會兒。

雖然速度慢，烏龜卻沒有停下來休息，
默默的經過了還在熟睡的兔子，
最後，率先抵達山頂的終點。
這場比賽，由持之以恆的烏龜贏得了勝利！

速度的奧祕

如何知道「速度」是多少？
我們一起調查看看吧！

Q 兔子的一步與烏龜的一步，相差多遠？

A 兔子跳一步和烏龜走一步的距離，差很多喔！

兔子的後腿非常有力，跳躍力驚人。
野兔跳一步的距離約有100～150公分。

100～150公分

烏龜的一步，差不多是體長的一半～幾乎等於體長，也就是說，若是體長10公分的烏龜，走一步約是5～10公分。

5～10公分

前進一步的距離，
差距真大呢！

Q 兔子和烏龜的速度相差多少呢？

A 這個問題有點困難，我們來算算看吧！

不同物種的兔子和烏龜，速度也不同。曾有兔子留下9秒跑完100公尺的紀錄；也有烏龜留下1小時前進約200公尺的紀錄※。我們這次就參考這個紀錄，計算看看吧！

故事裡的兔子真的很快呢！

※有資料顯示烏龜的時速為190公尺，這裡為了方便計算，改成200公尺。

假設這場比賽的路程為**2公里**，

那麼兔子與烏龜各自需要多少時間，才能抵達終點呢？

兔子花**3分鐘**抵達終點。

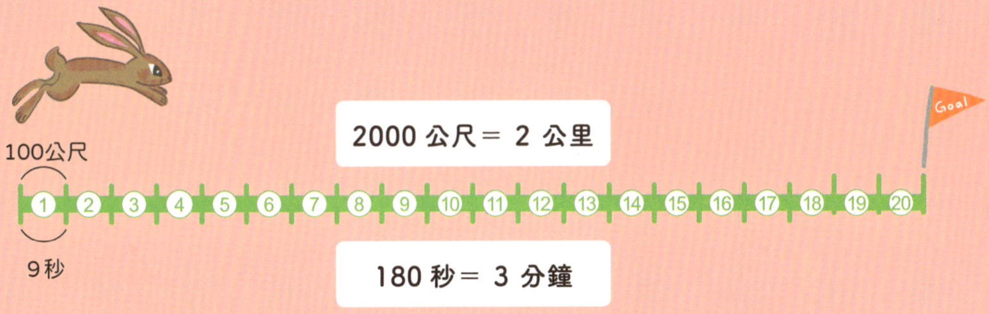

2 公里＝ 2000 公尺。2000 公尺＝ 20 個 100 公尺。

兔子跑 100 公尺需要 9 秒，由此可知，2000 公尺是 180 秒。

烏龜花**10小時**抵達終點。

2000 公尺＝ 20 個 100 公尺。

烏龜走 200 公尺需要 1 小時，由此可知，2000 公尺是 10 小時。

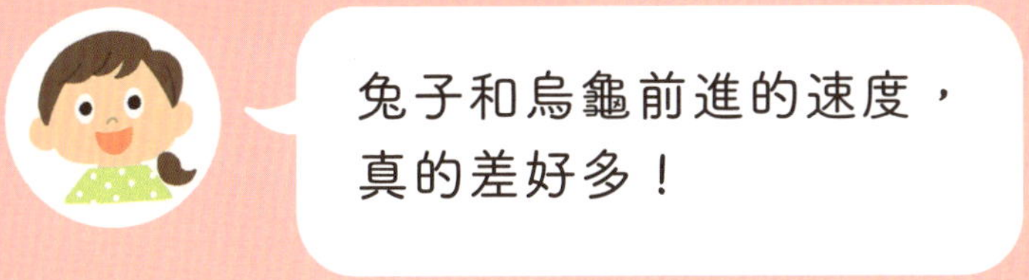

兔子的奔跑速度，雖然和人類一百公尺短跑的世界紀錄差不多，但牠無法長時間維持這種高速。故事中的兔子會中途停下來睡覺，或許就是這個緣故。
說不定牠是盡全力衝刺了16秒後，就需要休息整整一個小時呢！

另一方面，故事裡的烏龜雖然速度不快，卻非常有耐力，能夠一步一步穩定向前進，也因此最終贏得了比賽的勝利。

延伸知識

獵豹為什麼這麼快？

陸地上跑得最快的哺乳類動物是獵豹。牠在奔跑時，會徹底張開前、後腳，讓整個身體像彈簧般彈射出去，接著再用力收縮身體。但這樣的動作十分消耗能量，所以無法持續跑太久，跟兔子一樣呢。

獵豹有時甚至能超過時速 100 公里。

挑戰不同的走法或跑法，並做紀錄！

想像自己是兔子先生或烏龜先生，往前移動。

◎ 往前一步的距離有多遠？

①走 10 步試試？

______ **公分**

②計算出你的一步距離

走 10 步的總距離 ÷ 10 ＝ 1 步 ______ 公分

◎ 比較所需的步數

同一段距離（例如：學校操場 50 公尺），分別用正常的方式走完和跑完，請問各需要多少步呢？

正常的走路

______ **步**

跑步

______ **步**

走路的時候，請想像自己是故事裡的烏龜先生；奮力快跑時，則想像自己是兔子先生。跑完之後，你有什麼感覺呢？是還很有力氣，還是已經上氣不接下氣了？實際體驗過後，你或許就能明白，為什麼用盡全力奔跑的兔子，會那麼想在中途停下來休息了。

Q 一般常說烏龜長壽，烏龜能活多久？

A 據說超過40年。

烏龜以長壽著稱，據說壽命可達40年以上。雖然也要看物種，不過綠蠵龜就能活超過40年。目前住在南大西洋聖赫倫那的塞席爾象龜（亞達伯拉象龜的亞種）「喬納森」據說已超過190歲，是目前最長壽的烏龜。

另外，兔子的壽命約為7～8年左右。不同的生物，壽命長短也不同喔。

什麼是「壽命」？

所有生物終有一死。
從出生到死亡的時間長度，稱為「壽命」。
所謂「平均壽命」，
就是指「這種生物通常會活這麼久」的意思。

開花爺爺

故事裡，老爺爺將神奇的灰燼往枯樹上一撒，
枯萎的樹木竟瞬間開滿了美麗的花朵。
這些突然盛開的花，究竟是什麼花呢？
而真實世界裡，植物又是如何綻放花朵的？
就讓我們一起來探索植物開花的奧祕吧！

童話裡的
酷科學
植物的奧祕 » P.217

有一天，善良爺爺家的小狗在田裡叫了起來。
「汪汪汪！挖挖看這裡，汪汪！」
「那裡有什麼東西嗎？」
爺爺挖了挖田地，一看不得了，
居然挖出滿滿一箱金幣！

貪心的鄰居爺爺聽到這個消息，
就強行把小狗帶到自己的田裡，
也想讓牠找金幣。

結果怎麼挖、怎麼掘，
找到的全是破銅爛鐵。
氣急敗壞的貪心爺爺一怒之下，
竟然打死了小狗。

善良爺爺聽到後傷心極了，
替小狗蓋了墳墓。
沒想到，那座墳上很快就長出一棵大樹。
爺爺用那棵樹做了一套杵臼。
「這是小狗的遺物，要好好珍惜才行啊。」
爺爺用杵臼搗年糕，結果又大吃一驚，
年糕居然變成了金幣！

「也借我用用！」
貪心的鄰居爺爺也拿那套杵臼搗年糕，
「怎麼還是破銅爛鐵！」
他一氣之下就把杵臼燒成灰。
善良爺爺因此感到很沮喪，把那些灰燼帶回家。

途中，忽然吹起一陣風，把灰燼吹上枯樹，
下一秒，枯樹竟然開出了櫻花！
「哎呀，眞神奇，我再試一次。」
爺爺對著樹說道：
「讓枯木開花吧！」然後撒下灰燼，
整棵樹頓時櫻花盛開，美不勝收。

這時，剛好有位領主經過，
看到這一幕，驚喜萬分。
「表演眞精彩！重重有賞！」

「我也要拿賞金！」

於是，貪心的鄰居爺爺也跟著撒出灰燼，結果花沒開，灰燼反而飛進領主的眼睛。

這下糟了！

領主大怒，命人把貪心爺爺關進了大牢。

Q 大判、小判是什麼？

A 是日本古代的金幣。

在日本民間故事裡經常出現的「大判」、「小判」，是薄薄一片、長橢圓形的日本古代金幣（貨幣）。

天正大判（長 14 公分 × 寬 8 公分）

這是距今四百多年前，由豐臣秀吉下令鑄造的金幣※。一枚大判的面額很高，所以通常不是日常購物使用，而是當作贈禮等。

慶長大判

在天正大判之後，江戶時代（1603～1868 年）的德川家康下令製造的金幣。為了節省黃金的用量，因此這種金幣比天正大判小了一些。

慶長小判（長 7 公分 × 寬 4 公分）

由於大判金幣的面額太高，不便找零，所以後來出現了面額較小的小判金幣。

※照片中的金幣是依據實物製作的複製品。

Q 把灰燼撒在枯木上，真的能開花嗎？

A 有些灰可以當肥料喔！

很可惜現實生活裡，就算把灰燼撒在枯木上，也不會像故事中那樣馬上開滿花朵。

只要澆水，植物就能從土壤中吸收養分生長；但如果再適當給予富含「氮」、「磷」、「鉀」這三種營養素的肥料，植物就能更加茁壯。

雖然與開花爺爺撒的灰燼不同，不過市面上也可以找到一種灰燼肥料，叫「草木灰」。

「草木灰」是以前常用的肥料

「草木灰」是稻草、落葉或枯草等植物，經過燃燒之後所留下來的「灰燼」。它含有豐富的營養成分「鉀」，可以讓土壤的性質變成「鹼性」，幫助某些植物長得更好。

臺灣、日本的土壤多為酸性

混入草木灰，就會變為中性

如果草木灰放太多，鹼性就會太強

延伸知識

繡球花的顏色，看土就知道？

繡球花的顏色，會因為土壤的「酸鹼性」而產生奇妙的變化。在偏酸性的土壤中，一種叫做「鋁」的成分會被繡球花吸收。當「鋁」和花朵裡本來就有的色素「花青素」結合後，花瓣就會變成藍色。相反的，如果土壤是中性或鹼性的，「鋁」就不容易被吸收，花朵也就會呈現「花青素」原本的紫色了。花青素這種成分，在酸性時會變紅色，在鹼性時會變藍色。不過繡球花的變色，因為多了「鋁」這個特別的角色，所以和一般花青素的反應有點不一樣，很特別吧！

Q 櫻花是什麼樣的花？

A 來看看不同種類的櫻花，以及知名賞櫻景點吧！

4 京府（平安神宮）

左近櫻、右近橘

仿照日本天皇臨朝的紫宸殿正殿配置，從殿內往外看，左邊是櫻花，右邊是橘子樹。平安神宮正面的大極殿左側種的是「赤芽山櫻」。

1 青森縣（弘前公園）

擁有大量長壽的染井吉野櫻！

這裡有超過 300 棵樹齡百年以上的染井吉野櫻。採用種蘋果常用的「弘前法」（知名的櫻花管理法，其三大重點是剪枝、追加肥料、噴灑藥劑）照料，普通的染井吉野櫻也變得更長壽、更漂亮。

染井吉野櫻

1 「染井吉野櫻」是一種大約在 150 年前誕生的櫻花，是為了讓人們能欣賞到更美麗的花朵，所特別「品種改良」出來的（用人工的方式，培育出更優秀或更漂亮的植物），並不是野生的品種。由於它的花朵實在太過優美，因此被大量種植，成為最受歡迎的櫻花之一。

山櫻

最具代表性的野生櫻花。與觀賞用的染井吉野櫻不同，山櫻屬於野生種，壽命較長，樹也長得更高大。

2 東京都（上野公園）

知名的賞櫻景點

從 400 多年前的江戶時代開始，這裡就是著名的賞櫻場所。園內有大約 1000 棵櫻花樹，包括染井吉野櫻、山櫻、寒緋櫻、關山櫻等。其中又以清水觀音堂旁、被稱為「秋色櫻」的垂枝櫻尤為聞名。

3 奈良縣（吉野山）

3 萬株「神明的櫻花」

日本的賞櫻名勝，品種主要是「山櫻」，特色是會先長出帶紅色的葉子，再開出美麗的花朵。這裡有個流傳已久的傳說：大約在 1300 年前，有人在山櫻樹幹雕刻了佛像。從此，這棵樹就被當地人當作有神明居住的「神木」，為了表達敬意，人們便開始在周圍種植了越來越多的櫻花樹。

寫給家長們

讓孩子在充滿驚奇與好奇的故事中，培養科學的嫩芽！

想像力與創造力，是點亮孩子未來最重要的能力。在日常遊戲之外，「閱讀」正是培養這份能力最溫柔而有效的方法。

讀完這本書的小朋友，是否也透過無窮無盡的新發現、故事、科學現象與實驗，體驗到令人興奮又悸動的感覺呢？從故事與科學的深度交流中所獲得的知識和感動，將成為孩子們想像力的穩固基石。當他們嘗試用圖畫或創作來表達這些新發現時，不僅能享受創意無限的喜悅，更能從中養成靈活思考、探索新方法的「非認知能力」。

在資訊快速流動的數位時代，我們更希望這本書能為孩子們帶來一段靜下心來，沉浸於閱讀和思考的安穩時光。這份寶貴的經驗，相信將會轉化為陪伴他們成長的豐沛生命力。

讓我們一同為孩子們的未來加油！

小林尚美

國家圖書館出版品預行編目資料

童話裡的酷科學：15 則經典故事×50 個科學問答×8 個趣味實驗，啟動跨領域學習 / 川村康文、小林尚美、北川千春著；黃薇嬪譯 .-- 初版 . -- 臺北市：日月文化出版股份有限公司，2025.08
224 面；16.7*23 公分 . --（兒童館 ; 04）
譯自：かがくでなぞとき どうわのふしぎ 50
ISBN 978-626-7641-81-1（平裝）
1. 科學 2. 通俗作品
307.9　　114007948

兒童館 04

童話裡的酷科學

15 則經典故事×50 個科學問答×8 個趣味實驗，啟動跨領域學習

かがくでなぞとき どうわのふしぎ50

作　　者：川村康文、小林尚美、北川千春
插畫繪製：seesaw.、根岸美帆、ハラアツシ、浦本典子、早川容子
譯　　者：黃薇嬪
主　　編：俞聖柔
校　　對：俞聖柔、魏秋綢
封面設計：水青子
美術設計：LittleWork 編輯設計室

發 行 人：洪祺祥
副總經理：洪偉傑
副總編輯：謝美玲
法律顧問：建大法律事務所
財務顧問：高威會計師事務所
出　　版：日月文化出版股份有限公司
製　　作：大好書屋
地　　址：台北市信義路三段 151 號 8 樓
電　　話：（02）2708-5509　傳　　真：（02）2708-6157
客服信箱：service@heliopolis.com.tw
網　　址：www.heliopolis.com.tw
郵撥帳號：19716071 日月文化出版股份有限公司

總 經 銷：聯合發行股份有限公司
電　　話：（02）2917-8022　傳　　真：（02）2915-7212
印　　刷：軒承彩色印刷製版股份有限公司
初　　版：2025 年 8 月
定　　價：380 元
I S B N：978-626-7641-81-1

KAGAKU DE NAZOTOKI DOWA NO FUSHIGI 50